架空输电线路
隐患、缺陷及故障表象
辨识图册

苏奕辉　梁伟放　主编

中国电力出版社
CHINA ELECTRIC POWER PRESS

U0260616

内 容 提 要

本书按照国家标准、行业标准及相关技术规范，结合众多输电线路专家及生产一线技术骨干多年的运维经验积累，精选了 1068 幅输电设备隐患、缺陷及故障特征的典型现场照片编写而成。

本书主要内容包括导线与地线、绝缘子、金具、杆塔、基础、防雷设施与接地装置、防护设施、通道与环境的隐患、缺陷及故障特征。书中配有大量图片，直观生动地对内容进行解读，可作为新入职电力企业员工及生产班组员工的技术技能 培训用书。

图书在版编目（CIP）数据

架空输电线路隐患、缺陷及故障表象辨识图册 / 苏奕辉，梁伟放主编.
—北京：中国电力出版社，2017.5（2024.9 重印）
ISBN 978-7-5198-0470-1

Ⅰ. ①架⋯ Ⅱ. ①苏⋯ ②梁⋯ Ⅲ. ①架空线路－输电线路－故障诊断
－图集 Ⅳ. ① TM726.3-64

中国版本图书馆 CIP 数据核字（2017）第 045976 号

出版发行：中国电力出版社
地　　址：北京市东城区北京站西街 19 号（邮政编码 100005）
网　　址：http://www.cepp.sgcc.com.cn
责任编辑：岳　璐　（xiaolu5090@sina.com）
责任校对：朱丽芳
装帧设计：张俊霞　赵姗姗
责任印制：石　雷

印　　刷：三河市万龙印装有限公司
版　　次：2017 年 5 月第一版
印　　次：2024 年 9 月北京第五次印刷
开　　本：889 毫米 ×1194 毫米　16 开本
印　　张：16.5
字　　数：404 千字
印　　数：5501—6000 册
定　　价：120.00 元

编委会

前　言

　　熟悉架空输电线路巡视要求，掌握辨别架空输电线路隐患、缺陷及故障表象的能力是输电线路工的必备技能。通过巡视及时发现并准确判别设备隐患和缺陷，可以为输电线路运行维护提供依据，尽可能地预防事故发生和防止事故扩大。老员工要经过多年的用心积累才能练就一双"火眼金睛"，对于新入职员工来说，更难以在短时间内掌握输电线路的巡视要领，如何快速提升输电线路员工的巡视技能成为大家高度关注的课题。

　　本书按照国家标准、行业标准及相关技术规范，结合众多输电线路专家及生产一线技术骨干多年的运维经验积累，精选了1068幅输电设备隐患、缺陷及故障特征的典型现场照片编写而成，目的是为了让新入职的电力企业员工快速了解并掌握输电线路运维的知识和技能。

　　本书共八章，主要内容包括导线与地线、绝缘子、金具、杆塔、基础、防雷设施与接地装置、防护设施、通道与环境的隐患、缺陷及故障特征。本书内容丰富，配有大量现场照片，直观生动的对内容进行解读，除了作为新入职电力企业员工培训教材外，也可以作为生产班组员工的技术技能培训用书。

　　本书在编写过程中得到广东电网有限责任公司等单位的大力支持，书中大量的照片凝聚了现场运维检修人员多年的心血，借此对支持本书出版的同仁表示衷心感谢！

　　由于编者水平所限，书中难免存在不足之处，希望读者能及时提出宝贵意见，以便修订完善。

编　者

2016年12月

目录 | CONTENTS

前 言

第 1 章 | 导线与地线

1.1 基础知识及相关条文 2
1.2 导线 6
1.3 地线 26

第 2 章 | 绝缘子

2.1 基础知识及相关条文 40
2.2 瓷绝缘子 47
2.3 玻璃绝缘子 56
2.4 复合绝缘子 66

第 3 章 | 金具

3.1 基础知识及相关条文 76
3.2 悬垂线夹 84
3.3 耐张线夹 93
3.4 连接金具 102
3.5 接续金具 110
3.6 防护金具 118

第 4 章 | 杆塔

4.1 基础知识及相关条文 128
4.2 杆塔整体 132
4.3 杆塔横担 136
4.4 杆塔塔材 139
4.5 杆塔拉线 156
4.6 钢管杆、混凝土杆杆身 160

第5章 | 基础

5.1 基础知识及相关条文 164

5.2 基础 167

5.3 地脚螺栓 171

5.4 基础基面 174

5.5 基础边坡 179

第6章 | 防雷设施与接地装置

6.1 基础知识及相关条文 184

6.2 线路避雷器及其监测器 190

6.3 地线引流线 194

6.4 接地引下线 198

6.5 接地体 203

第7章 | 防护设施

7.1 基础知识及相关条文 208

7.2 基础防护设施 212

7.3 线路防护设施 227

7.4 登塔设施与防坠装置 235

第8章 | 通道与环境

8.1 基础知识及相关条文 244

8.2 线路通道树木异常 246

8.3 线路通道有建（构）筑物 248

8.4 线路通道有机械施工 249

8.5 线路环境变化异常 250

8.6 巡线通道变化异常 252

第 1 章

导线与地线

1.1　基础知识及相关条文

1.1.1　基础知识

1. 定义

导线是架空输电线路的重要组成元件，它通过绝缘子串组悬挂在杆塔上，用于输送电能。

地线是在某些杆塔或所有杆塔上接地的导线，通常悬挂在导线上方，对导线构成一保护角，防止导线受雷击。

2. 导线与地线的分类

（1）圆线同心绞架空导线：在一根中心线芯周围螺旋绞上一层或多层单线（横截面为圆形）组成的导线，其相邻层绞向相反。

种类有：铝绞线、铝合金绞线、钢芯铝绞线、防腐性钢芯铝绞线、钢芯铝合金绞线、铝合金铝绞线、铝包钢芯铝绞线、铝包钢芯铝合金绞线、钢绞线、铝包钢绞线等。

（2）型线同心绞架空导线：在一根中心线芯周围螺旋绞上一层或多层单线（具有不变横截面且非圆形）组成的导线，其相邻层绞向相反。

（3）镀锌钢绞线：在一根中心线芯周围螺旋绞上一层或多层热镀锌钢丝组成的架空地线，其相邻层绞向相反。

钢绞线按断面结构分为四种：1×3，1×7，1×19，1×37。

（4）光纤复合架空地线：由光纤和保护材料制成的光单元同心绞合单层或多层单线就形成了光纤复合架空地线，即OPGW。OPGW是一种具有传统架空地线和通信能力的双重功能的线。

3. 导线与地线的常见异常表象

（1）导线：掉线、断线；子线间粘连、扭绞、鞭击；损伤（断股、散股、刮损、磨损等）；腐蚀；电弧烧伤；驰度偏差；温升异常；有异物（漂浮物等）等。

（2）地线：掉线、断线；损伤（断股、散股、刮损、磨损等）；腐蚀、锈蚀；电弧烧伤；驰度偏差；温升异常；有异物（漂浮物等）等。

4. 其他相关知识

（1）导线或架空地线在跨越档内接头应符合设计规定。输电线路跨越铁路、高速公路、一级公路、电车道（有轨及无轨）、通航河流、管道、索道、110kV以上输电线路时不得有接头；跨越段垂直、水平距离及交叉角应符合跨越、被跨越物双方的规程规范要求。

（2）不同金属、不同规格、不同绞制方向的导线或架空地线严禁在一个耐张段内连接，导线及架空地线的连接部分不得有线股绞制不良、断股、缺股等质量问题；连接后管口附近不应有明显的松股现象。

（3）接续管及耐张管压后应平直，有明显弯曲时应校直，弯曲度不得大于2%；校直后不得有裂纹，达不到规定时应割断重接；钢管压后应进行防腐处理。

（4）在一个档距内，每根导线或架空地线上不应超过一个接续管和两个补修管，并应符合下列规定：

各类管与耐张线夹出口间的距离不应小于15m；

接续管或补修管出口与悬垂线夹中心的距离不应小于5m；

接续管或补修管出口与间隔棒中心的距离不宜小于0.5m。

（5）非张力放线、张力放线、紧线及附件安装时，应防止导线和良导体地线损伤，在容易产生损伤处应采取有效的预防措施。

（6）施工及验收时，张力放线导线、良导体地线的损伤的处理应符合下列规定：

1）外层导线线股有轻微擦伤，擦伤深度不超过单股直径的1/4，或截面积损伤不超过导电部分截面积的2%时，可不修补，可以用0号以下的细砂纸磨光表面棱刺。

2）当导线损伤已超过轻微损伤，但在同一处损伤的强度损失尚不超过设计使用拉断力的8.5%或损伤截面积不超过导电部分截面积的12.5%时应为中度损伤。中度损伤应采用补修管或带金刚砂的预绞丝补修，补修时应符合《110kV～750kV架空输电线路施工及验收规范》（GB 50233—2014）第8.3.3条第4款的规定。

3）有下列情况之一时应定为严重损伤，达到严重损伤时，应将损伤部分全部锯掉，并应用接续管或带金刚砂的预绞丝将导线重新连接：

a. 强度损失超过设计计算拉断力的8.5%；

b. 截面积损伤超过导电部分截面积的12.5%；

c. 损伤的范围超过一个预绞丝允许补修的范围；

d. 钢芯有断股；

e. 金钩、断股和灯笼已使钢芯或内层线股形成无法修复的永久变形。

1.1.2 相关规程、规范条文 ||||||||||||||||||||||||||||||||||

《架空输电线路运行规程》DL/T 741—2010

5.2.1 导、地线由于断股、损伤造成强度损失或减少截面的处理标准应按照表2的规定。

表2 **导线、地线断股、损伤造成强度损失或减少截面的处理**

线别	处理方法			
	金属单丝、预绞式补修条补修	预绞式护线条、普通补修管补修	加长型补修管、预绞式接续条	接续管、预绞丝接续条、接续管补强接续条
钢芯铝绞线钢芯铝合金绞线	导线在同一处损伤导致强度损失未超过总拉断力的5%且截面积损伤未超过总导电部分截面积的7%	导线在同一处损伤导致强度损失在总拉断力的5%～17%，且截面积损伤在总导电部分截面积7%～25%	导致强度损失在总拉断力的17%～50%，且截面积损伤在总导电部分截面积的25%～60%	导致强度损失在总拉断力的50%以上，且截面积损伤在总导电部分截面积的60%及以上
铝绞线铝合金绞线	断损伤截面不超过总面积的7%	断股损伤截面占总面积的7%～25%	断股损伤截面占总面积的25%～60%	断股损伤截面超过总面积的60%及以上
镀锌钢绞线	19股断1股	7股断1股19股断2股	7股断2股19股断3股	7股断2股以上19股断3股以上
OPGW	断损伤截面不超过总面积的7%（光纤单元未损伤）	断股损伤截面占面积的7%～17%（光纤单元未损伤修补管不适用）		

注 1. 钢芯铝绞线导线应未伤及钢芯，计算强度损失或总铝截面损伤时，按铝股的总拉断力和铝总截面积作基数进行计算。

2. 铝绞线、铝合金绞线导线计算损伤截面时，按导线的总截面积作基数进行计算。

3. 良导体架空地线按钢芯铝绞线计算强度损失和铝截面损失。

5.2.2 导、地线不应出现腐蚀、外层脱落或疲劳状态，强度试验值不应小于原破坏值的80%。

5.2.3 导、地线弧垂不应超过设计允许偏差：110kV及以下线路为+6.0%、–2.5%；220kV及以上线路为+3.0%、–2.5%。

5.2.4 导线相间相对弧垂值不应超过：110kV及以下线路为200mm；220kV及以上为300mm。

5.2.5 相分裂导线同相子导线相对弧垂值不应超过以下值：垂直排列双分裂导线100mm，其他排列形式分裂导线220kV为80mm，330kV及以上线路50mm。

5.2.6 OPGW接地引线不应松动或对地放电。

《架空输电线路状态检修导则》DL/T 1248—2013

表B.1 **线路单元状态量检修策略**

线路单元	状态量	状态量具体描述	检修策略	
			检修方法	检修时限
导地线	腐蚀、断股、损伤和闪络烧伤	钢芯铝绞线、钢芯铝合金绞线：导线损伤范围导致强度损失在总拉断力的50%以上且截面积损伤在总导电部分截面积60%及以上；铝绞线、铝合金绞线：股损伤截面超过总面积的60%及以上；镀锌钢绞线：7股断2股以上，19股断3股以上	B.2.1	立即开展
			B.3.3	
		钢芯铝绞线、钢芯铝合金绞线：导线损伤范围导致强度损失在总拉断力的17%～50%且截面积损伤在总导电部分截面积25%～60%；铝绞线、铝合金绞线：股损伤截面占总面积的25%～60%；镀锌钢绞线：7股断2股，19股断3股	B.2.1	尽快开展
			E.3	

线路单元	状态量	状态量具体描述	检修策略	
			检修方法	检修时限
导地线	腐蚀、断股、损伤和闪络烧伤	钢芯铝绞线、钢芯铝合金绞线：导线在同一处损伤导致强度损失未超过总拉断力的5%～17%且截面积损伤未超过总导电部分截面积7%～25%；铝绞线、铝合金绞线：断股损伤截面占总面积的7%～25%；镀锌钢绞线：7股断1股，19股断2股；光纤复合架空地线：断股损伤截面占面积的7%～17%（光纤单元未损伤）	B.2.1 / E.3	尽快开展
		钢芯铝绞线、钢芯铝合金绞线：导线在同一处损伤导致强度损失未超过总拉断力的5%且截面积损伤未超过总导电部分截面积7%；铝绞线、铝合金绞线：断股截面不超过总面积的7%；镀锌钢绞线：19股断1股；光纤复合架空地线：断损截面积不超过总面积的7%（光纤单元未损伤）	B.2.1 / E.3	适时开展
	异物悬挂	导地线异物悬挂，危及线路安全运行	C.10 / E.5	立即开展
		导地线异物悬挂，影响线路安全运行	C.10 / E.5	尽快开展
		导地线异物悬挂，但不影响线路安全运行	C.10 / E.5	尽快开展
	异常振动、舞动、覆冰	舞动区段未采取防舞动措施；重冰区段未采取防冰闪措施	C.4	尽快开展
		分裂导线鞭击、扭绞和粘连	C.4	尽快开展
	弧垂	弧垂偏差最大值110kV为+10%以上，-5%以上，220kV及以上为+6%以上、-5%以上；相间弧垂偏差最大值：110kV为400mm以上，220kV及以上线路为500mm以上；同相子导线弧垂偏差最大值：垂直排列双分裂导线为+150mm以上，-50mm以上，其他排列形式分裂导线220kV为130mm以上，330kV及以上为100mm以上	B.2.2	尽快开展
	弧垂	弧垂偏差最大值110kV为+6%～10%，-2.5%～-5%，220kV及以上为+3～6%、-2.5%～-5%；相间弧垂偏差最大值：110kV为200mm～400mm，220kV及以上线路为300mm～500mm；同相子导线弧垂偏差值最大值：垂直排列双分裂导线为100mm～150mm，0mm～50mm，其他排列形式分裂导线220kV为80mm～130mm，330kV及以上为50mm～100mm	B.2.2	基准周期开展
	跳线	最大风偏时不满足电气距离要求	E.1 / E.2	立即开展
	OPGW及其附件	附件损伤、丢失	D.10	尽快开展
		接地线接触不良	D.9	尽快开展
		接线盒松脱或锈蚀严重、松动、变形	D.9	尽快开展

《带电设备红外诊断应用规范》DL/T 664—2008

表A.1　　　　　　　　　　　　　电流致热型设备缺陷诊断判据

设备类别和部位	热像特征	故障特征	缺陷性质			处理建议	备注
			一般缺陷	严重缺陷	危急缺陷		
金属导线	以导线为中心的热像，热点明显	松股、断股、老化或截面积不够	温差不超过15K，未达到重要缺陷的要求	热点温度>80℃或$\delta \geqslant 80\%$	热点温度>110℃或$\delta \geqslant 95\%$		

1.2　导　　　线

单导线

双分裂导线

四分裂导线

1.2.1　导线断线、掉线 |||||||||||||||||||||||||||||||||

导线断线、掉线如图1-1～图1-4所示。

（a）

（b）

（c）

（d）

图1-1　导线断线

（a）

（b）

图1-2　导线掉线（一）

（c）

（d）

（e）

（f）

图1-2　导线掉线（二）

图1-3　导线掉线上扬

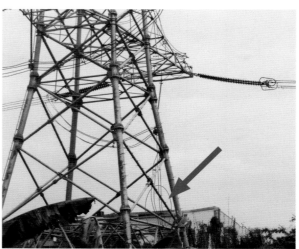

图1-4　导线跳线掉线

1.2.2　导线粘连、扭绞、鞭击

导线粘连、扭绞、鞭击如图1-5所示。

（a）　　　　　　　　　　　　　　　　　　（b）

（c）　　　　　　　　　　　　　　　　　　（d）

（e）　　　　　　　　　　　　　　　　　　（f）

图1-5　双分裂导线上下子线粘连

1.2.3 导线损伤

导线损伤如图1-6～图1-11所示。

图1-6 导线断股（一）

（g）

（h）

图1-6　导线断股（二）

（a）

（b）

（c）

（d）

图1-7　导线跳线断股

（a）　　　　　　　　　（b）　　　　　　　　　（c）

图1-8　导线磨损

（a）　　　　　　　　　　　　　　　　（b）

图1-9　导线刮损

图1-10　导线划损

（a）

（b）

（c）

（d）

（e）

（f）

图1-11　导线松股

1.2.4 导线腐蚀、锈蚀

导线腐蚀、锈蚀如图1-12和图1-13所示。

（a）

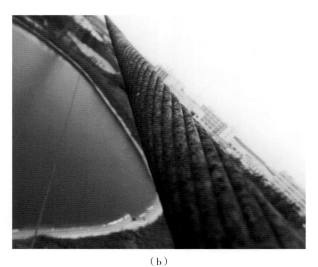

（b）

（c）

图1-12 导线腐蚀

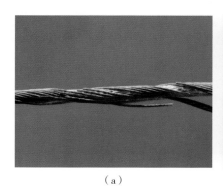

（a）

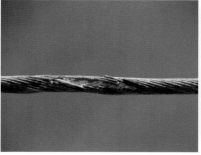

（b）

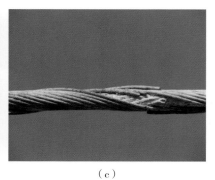

（c）

图1-13 导线腐蚀断股

1.2.5　导线电弧烧伤

导线电弧烧伤如图1-14和图1-15所示。

（a）

（b）

（c）

（d）

（e）

（f）

图1-14　导线电弧烧伤（一）

（g）

（h）

（i）

（j）

（k）

（l）

图1-14　导线电弧烧伤（二）

（a）　　　　　　　　　　　（b）

（c）　　　　　　　　　　　（d）

（e）　　　　　　　　　　　（f）

图1-15　导线跳线电弧烧伤

1.2.6　导线弛度偏差

导线弛度偏差如图1-16和图1-17所示。

图1-16　导线弛度偏差（一）

（g）

（h）

图1-16　导线弛度偏差（二）

（a）

（b）

（c）

（d）

图1-17　导线跳线子线弛度偏差

1.2.7 导线温升异常 |||||||||||||||||||||||||||||||||

导线温升异常如图1-18所示。

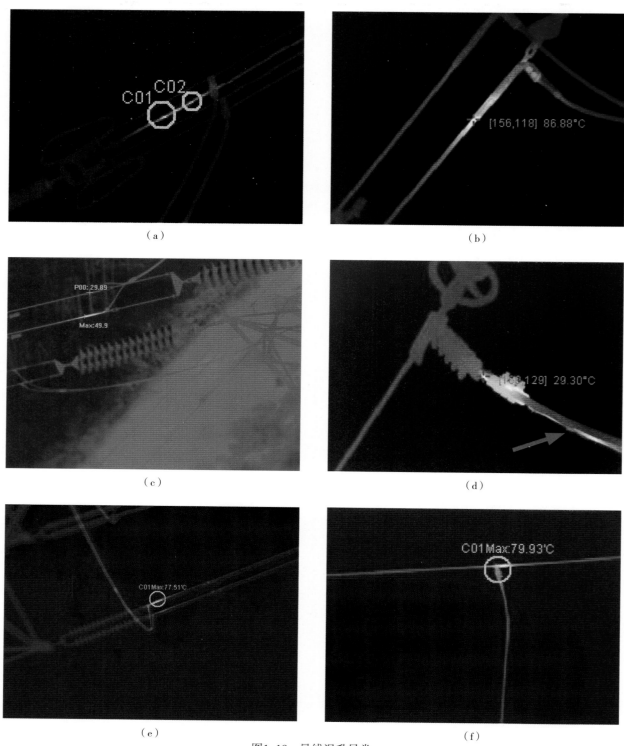

图1-18 导线温升异常

1.2.8　导线有异物

导线有异物如图1-19～图1-31所示。

（a）

（b）

图1-19　导线悬挂有广告横幅

图1-20　导线悬挂有棚屋铁皮

图1-21　导线悬挂有跨越线路断落地线

图1-22　导线悬挂有断落地线

图1-23　导线悬挂有通信线

（a）

（b）

图1-24　导线覆冰

（a）

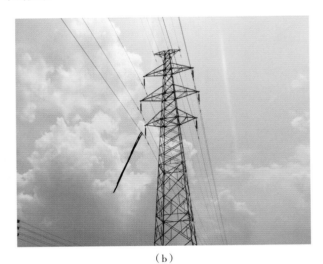

（b）

图1-25　导线悬挂有遮阳网

图1-26　导线缠绕有遮阳网

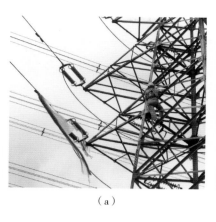
（a）

（b）

（c）

图1-27 导线缠绕有薄膜

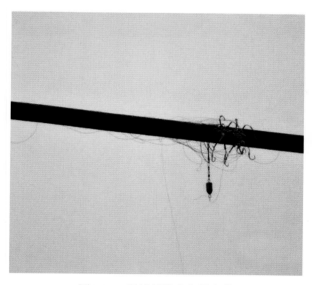

图1-28 导线缠绕有鱼钩鱼线

图1-29 导线缠绕有风筝

图1-30 导线缠绕有磁带

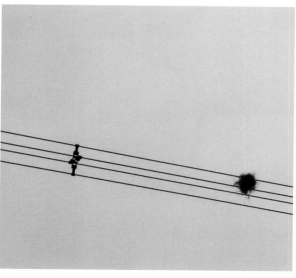

图1-31 导线挂有鸟巢

1.2.9 导线其他异常表象

导线其他异常表象如图1-32～图1-38所示。

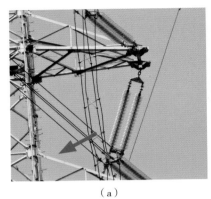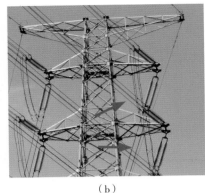

（a）　　　　　　　　　（b）　　　　　　　　　（c）

图1-32　导线跳线与横担安全距离不足

图1-33　导线跳线接触液压型耐张线夹

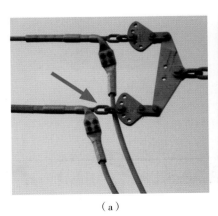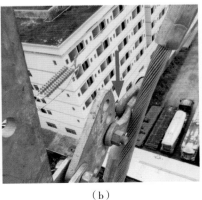

（a）　　　　　　　　　（b）　　　　　　　　　（c）

图1-34　导线跳线接触U形挂环

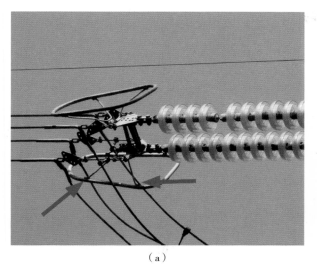
（a）

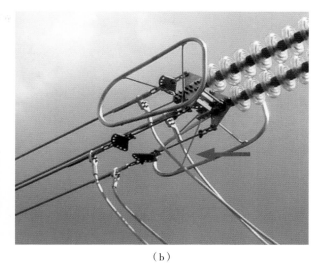
（b）

图1-35 导线跳线穿过且接触均压屏蔽环

图1-36 导线跳线接触均压屏蔽环

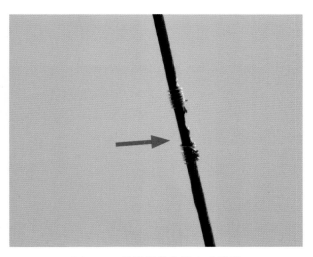

图1-37 导线损伤修补方式错误

图1-38 导线跳线损伤修补方式错误

1.3　地　　　线

钢绞线地线

钢芯铝绞线地线

光纤复合架空地线（OPGW）

1.3.1 地线断线、掉线

地线断线、掉线如图1-39～图1-41所示。

（a）

（b）

（c）

（d）

图1-39 地线（钢绞线）断线

图1-40 地线（钢绞线）掉线

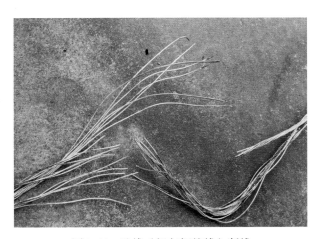

图1-41 地线（铝包钢绞线）断线

1.3.2 地线损伤 ||||||||||||||||||||||||||||||||||

地线损伤如图1-42～图1-48所示。

（a）　　　　　　　　　　　（b）　　　　　　　　　　　（c）

图1-42　地线（OPGW）断股

（a）　　　　　　　　　　　　　　　　　　　　（b）

（c）　　　　　　　　　　　　　　　　　　　　（d）

图1-43　地线（钢芯铝绞线）断股

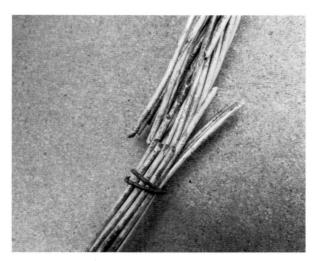

图1-44 地线（铝包钢绞线）断股

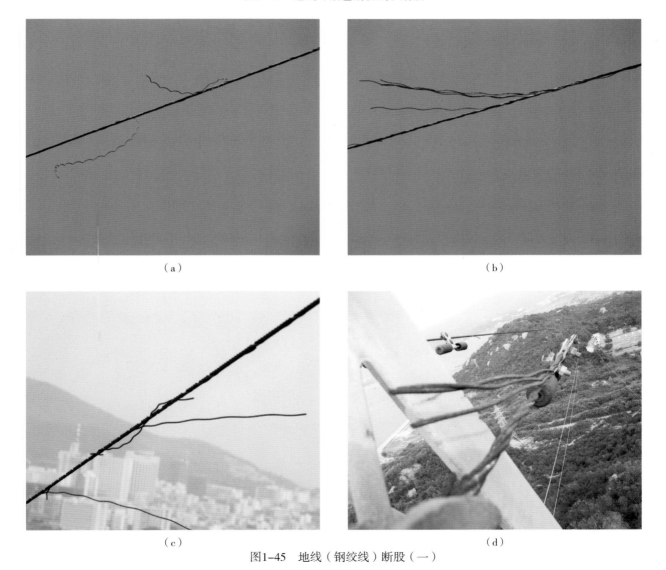

（a）

（b）

（c）

（d）

图1-45 地线（钢绞线）断股（一）

（e）

（f）

图1-45 地线（钢绞线）断股（二）

（a）

（b）

图1-46 地线（钢芯铝绞线）磨损

图1-47 地线（钢芯铝绞线）松股

图1-48 地线（OPGW）引下线散股

1.3.3　地线腐蚀、锈蚀 ||||||||||||||||||||||||||||||||||||||

地线腐蚀、锈蚀如图1-49~图1-51所示。

图1-49　地线（OPGW）腐蚀

图1-50　地线（钢芯铝绞线）腐蚀

（a）

（b）

（c）

（d）

图1-51　地线（钢绞线）锈蚀

1.3.4　地线电弧烧伤 ||||||||||||||||||||||||||||||||||||||||||||||

地线电弧烧伤如图1-52和图1-53所示。

（a）　　　　　　　　　　　（b）

（c）　　　　　　　　　　　（d）

图1-52　地线（钢绞线）电弧烧伤

（a）　　　　　　　　　　　（b）

图1-53　地线（钢芯铝绞线）电弧烧伤

1.3.5 地线弛度偏差

地线弛度偏差如图1-54～图1-57所示。

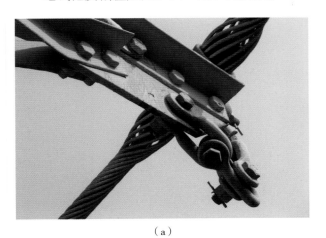

（a）

（b）

图1-54 地线（OPGW）上扬

（a）

（b）

图1-55 地线（钢绞线）上扬

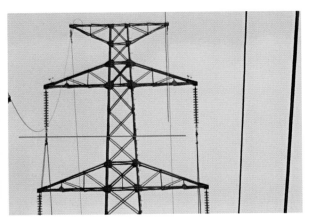

图1-56 地线（钢绞线）弛度偏差

图1-57 地线（钢芯铝绞线）弛度偏差

1.3.6 地线温升异常 ||||||||||||||||||||||||||||||||||

地线温升异常如图1-58所示。

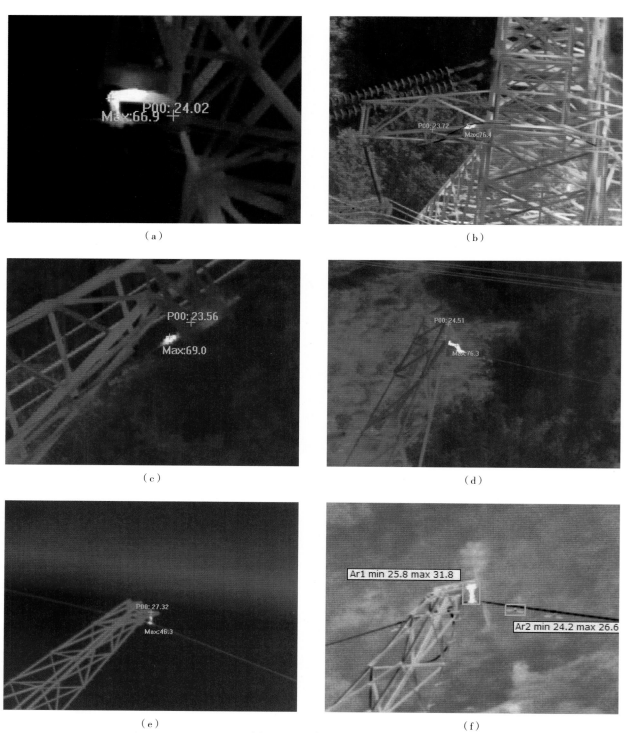

（a）

（b）

（c）

（d）

（e）

（f）

图1-58 地线温升异常

1.3.7　地线有异物

地线有异物如图1-59～图1-62所示。

图1-59　地线缠绕有广告布

（a）

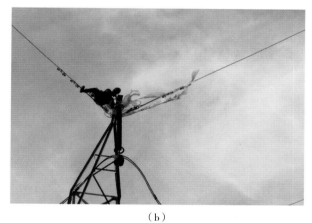

（b）

图1-60　地线缠绕有覆膜

（a）

（b）

图1-61　地线缠绕有气球和广告布

图1-62　地线缠绕有气球

1.3.8　地线其他异常表象 |||||||||||||||||||||||||||||||||||||

地线其他异常表象如图1-63～图1-68所示。

图1-63　地线滑移

图1-64　地线楔形耐张线夹尾绳捆扎钢丝脱落

图1-65　地线（OPGW）引下线没有用固定支架固定

图1-66　地线（钢芯铝绞线）与引流线摩擦

图1-67　地线（钢绞线）接触导线跳线串横担端均压环　　　图1-68　地线（OPGW）引下线安装固定在爬梯上

第 2 章

绝 缘 子

2.1　基础知识及相关条文

2.1.1　基础知识

1. 定义

绝缘子：供处在不同电位的电气设备或导体电气绝缘和机械固定用的器件。

绝缘子串：两片或多片绝缘子组合在一起，柔性悬挂架空线导线。绝缘子串主要承受张力。

绝缘子串组：一串或多串绝缘子串组合在一起，带有固定和运行需要的保护装置。

悬垂绝缘子串组：带有全部金具和附件，悬挂一条导线或分裂导线的绝缘子串组。

耐张绝缘子串组：带有全部金具和附件，承受一条导线或分裂导线张力的绝缘子组。

地线绝缘子：架空地线绝缘和支持用的绝缘子，通常由绝缘子元件和放电间隙两部分组成，放电间隙由通过螺栓固定在绝缘子元件上的电极构成。

2. 绝缘子的分类

（1）瓷质线路柱式绝缘子；

（2）瓷质盘形悬式绝缘子；

（3）瓷质长棒形绝缘子；

（4）玻璃盘形悬式绝缘子；

（5）复合线路柱式绝缘子；

（6）复合长棒形绝缘子等。

3. 绝缘子的常见异常表象

（1）瓷质绝缘子：串组掉串、脱开；伞裙破损；电弧烧伤；端部金具锈蚀（钢帽、钢脚、放电间隙金具锈蚀）；绝缘子串组倾斜；温升异常；低值或零值；伞裙脏污等。

（2）玻璃绝缘子：串组掉串、脱开；伞裙自爆低值；电弧烧伤；端部金具锈蚀；绝缘子串组倾斜；温升异常；伞裙脏污等。

（3）复合绝缘子：串组掉串、脱开；伞套破损、老化或憎水性下降；端部密封老化、龟裂；电弧烧伤；端部金具锈蚀；绝缘子串组倾斜；温升异常等。

4. 其他相关知识

（1）绝缘子安装前应逐个（串）表面清理干净，并逐个（串）进行外观检查。瓷（玻璃）绝缘子安装时应检查碗头、球头与弹簧销子之间的间隙。在安装好弹簧销子的情况下球头不得自碗头中脱出。验收前应清除瓷（玻璃）表面的污垢。有机复合绝缘子表面不应有开裂、脱落、破损等现象，绝缘子的芯棒与端部附件不应有明显的歪斜。

（2）悬垂线夹安装后，绝缘子串应竖直，顺线路方向与竖直位置的偏移角不应超过5°，且最大偏移值不应超过200mm。连续上（下）山坡处杆塔上的悬垂线夹的安装位置应符合设计规定。

（3）绝缘架空地线放电间隙的安装距离允许偏差应为±2mm。

（4）输电线路跨越220kV及以上线路，铁路，高速公路，一级等级公路，一、二级通航河流及特殊管道等时，悬垂绝缘子串宜采用双联串（对500kV及以上线路并宜采用双挂点）或两个单联串。

2.1.2 相关规程、规范条文

《架空输电线路运行规程》DL/T 741—2010

5.3.1 瓷质绝缘子伞裙不应破损，瓷质不应有裂纹，瓷釉不应烧坏。

5.3.2 玻璃绝缘子不应自爆或表面有裂纹。

5.3.3 棒形及盘形复合绝缘子伞裙、护套不应出现破损或龟裂，端头密封不应开裂、老化。

5.3.4 钢帽、绝缘件、钢脚应在同一轴线上，钢脚、钢帽、浇装水泥不应有裂纹、歪斜、变形或严重锈蚀，钢脚与钢帽槽口间隙不应超标。钢脚锈蚀判据标准见附录B。

5.3.5 盘形绝缘子绝缘电阻330kV及以下线路不应小于300MΩ，500kV及以上线路不应小于500MΩ。

5.3.6 盘形绝缘子分布电压不应为零或低值。

5.3.7 锁紧销不应脱落变形。

5.3.8 绝缘横担不应有严重结垢、裂纹，不应出现瓷釉烧坏、瓷质损坏、伞裙破损。

5.3.9 直线杆塔绝缘子串顺线路方向偏斜角（除设计要求的预偏外）不应大于7.5°，或偏移值不应大于300mm，绝缘横担端部偏移不应大于100mm。

5.3.10 地线绝缘子、地线间隙不应出现非雷击放电或烧伤。

7. 检测

表7　　　　　　　　　　　　　检测项目与周期

	项目	周期年	备注
绝缘子	盘形瓷绝缘子绝缘测试	6～10	330kV及以上：6年；220kV及以下：10年
	绝缘子污秽度测量	1	根据实际情况定点测量，或根据巡视情况选点测量
	绝缘子金属附件检查	2	投运后第5年开始抽查
	瓷绝缘子裂纹、钢帽裂纹、浇装水泥及伞裙与钢帽位移	必要时	每次清扫时
	玻璃绝缘子钢帽裂纹、伞裙闪络损伤	必要时	每次清扫时
	复合绝缘子伞裙、护套、粘接剂老化破损、裂纹；金具及附件锈蚀	2～3	根据运行需要
	复合绝缘子电气机械抽样检测试验	5	投运5～8年后开始抽查，以后至少每5年抽查

《标称电压高于1000V的架空线路绝缘子 第1部分 交流系统用瓷或玻璃绝缘子元件定义、试验方法及验收准则》GB/T 1001.1—2003

28▶ 逐个外观检查

应对每个绝缘子进行检查，绝缘件上应按图样安装金属附件。

28.1▶ 瓷绝缘子

绝缘子的釉色应接近于图样规定。允许瓷釉颜色色调有某些变化，这样的绝缘子不应报废。这也适用于上釉较薄因而较淡的部分釉面，例如，半径较小的边缘。

图样规定的上釉面，应覆盖一层光滑而发亮坚硬的釉。釉面应无裂纹，没有其他不利于良好运行的缺陷。

釉面缺陷包括釉点、釉面碰损、釉层杂质及针孔。

绝缘子元件外观缺陷允许值如下：

对绝缘子元件，总釉面缺陷面积不应超过：

$$100+D \times F/2000 \text{mm}^2$$

单个釉面缺陷面积不应超过：

$$50+D \times F/20000 \text{mm}^2$$

式中：

D——绝缘子的最大直径，mm；

F——绝缘子的爬电距离，mm。

对实心长棒形绝缘子的杆体，不允许釉面有缺陷。

对于其他实心绝缘子的杆体，单个缺釉面积不应超过25mm²。伞上釉层杂质（例如上部伞裙上的钵屑）总面积不应超过25mm²，任何单个杂质突出不应超过2mm。

杂质的堆积物（例如沙粒）应看作单个釉面缺陷。它们的包容表面应计入釉面缺陷总面积内。

直径小于1.0mm的非常小的釉面针孔（例如在上釉时由灰尘微粒所引起的那些小孔），不应计入总缺陷面积。然而，在任何50mm×10mm的面积里，针孔的数量不应超过15个。此外，在绝缘子元件上总的针孔数量不应超过：

$$50+D \times F/1500$$

28.2▶ 玻璃绝缘子

绝缘件不应有折痕、气孔等不利于良好运行的表面缺陷，并且在玻璃体中不应有直径大于5mm的气泡。

《架空线路绝缘子标称电压高于1000V交流系统用悬垂和耐张复合绝缘子定义、试验方法及接收准则》GB/T 19519—2014

13.2▶ 外观检查

应检查每只绝缘子的外观。端部装配件在绝缘件上的安装应符合图样。绝缘子的颜色应和图样规定大致相同。绝缘子的标志应符合本标准规定（见第4章）。

绝缘子表面存在的工艺痕迹和标志不属于制造缺陷，但其面积应计入表面缺陷总面积。

绝缘子表面缺陷总面积不得超过绝缘子总面积的0.2%。

不应有以下缺陷：

a）单个面积大于$25mm^2$或深度大于1mm的表面缺陷。

b）伞根部有裂痕，特别是靠近端部装配件的伞。

c）伞套与端部装配件结合处分离或粘接不足（若适用）。

d）伞与护套之间的界面分离或有粘接缺陷。

e）伞套表面有突起超过1mm的合模缝。

《高压架空输电线路地线用绝缘子》JB/T 9680—2012

4.1　总则

按照不同的材料和结构型式，地线绝缘子可以分为盘形悬式地线瓷或玻璃绝缘子、长棒型地线瓷绝缘子、棒形悬式地线复合绝缘子；按照安装使用方式分为悬垂式和耐张式。

地线绝缘子应按照本标准及规定程序批准的技术文件和图样制造，其连接结构应符合GB/T 25317的规定，电极应便于装配，下电极的圆环应为整体锻造，相对位置准确。间隙距离应在10mm～30mm范围内可以调整，固定后不应松动，紧固螺栓和螺母在50N·m扭矩下不应脱扣。

《高压交直流架空线路用复合绝缘子施工、运行和维护管理规范》DL/T 257—2012

6.　施工安装

6.1　安装前的检查

安装前应检查：

a）外包装完好。复合绝缘子规格、型号应符合设计图纸要求。复合绝缘子外观应符合GB/T 19519的要求，如发现不符合标准要求，或伞裙有永久变形或破损现象的不宜使用。

b）出厂合格证，安装说明书齐全。

c）装箱单与附件一致。

d）锁紧销齐全。

6.2　现场安装

现场安装应满足以下要求：

a）拆除包装后的复合绝缘子应有保护措施，避免复合绝缘子伞套变形和受损。

b）轻拿轻放，不投掷，并避免摩擦、与硬物碰撞，禁止伞裙直接受力。

c）起吊绳结要系在金属附件上，禁止直接在伞套上绑扎或用吊索套住伞套进行作业。

d）均压环装置安装应符合安装图样规定，禁止反装。对于开口型均压装置，注意两端开口方向一致，悬垂串朝向大号侧，耐张串朝上。

　　e）安装后禁止踩踏、攀爬绝缘子。

7. 投运前的防护和检查

　　a）按照GB 50233进行验收，复合绝缘子伞套表面不允许有开裂、脱落、破损等现象，不符合要求的绝缘子应更换。

　　b）验收后未及时投运的线路，投运前应对复合绝缘子进行外观检查，对护套受损、伞裙严重损坏的应更换。

　　c）在鸟类活动较频繁地区，复合绝缘子应采取防鸟啄的保护措施。

8. 运行维护

8.1 巡视检查

对于投运的复合绝缘子，应按照DL/T 741、DL/T 864规定进行日常巡视、登杆检查和定期监测。观察或检查结果记录存档。

8.1.1 日常巡视的检查内容

　　a）伞裙是否破裂、烧伤，金属附件、均压环变形、扭曲、锈蚀等异常情况。

　　b）均压环是否脱落、倾斜或移位。

　　c）绝缘子串是否悬挂异物。

8.1.2 登杆检查的检查内容

　　a）金属附件、均压环变形、扭曲、锈蚀等异常情况。

　　b）硅橡胶伞套表面是否有明显的蚀损或电弧烧伤痕迹。

　　c）伞套是否出现硬化、脆化、粉化、开裂等现象。

　　d）伞裙是否变形，伞裙之间粘接部位是否有脱胶等现象。

　　e）端部附件连接部位是否有明显的滑移，密封是否破坏。

　　f）锁紧销是否缺失。

　　g）伞裙表面积污秽情况。

8.1.3 定期监测的方法

　　a）可通过红外热成像或其他技术手段检测。

　　b）可通过装设在线监测装置进行监测。

8.2 特殊巡视

　　a）特殊气象条件下复合绝缘子表面的局部放电或覆冰情况。

　　b）当线路发生稀有覆冰、舞动等恶劣工况后，应对复合绝缘子及连接金属附件进行检查。

　　c）重污区的复合绝缘子应结合停电，检查其憎水性能是否减弱或消失。

8.3 维护

8.3.1 一般要求

出现以下情况时，复合绝缘子可继续运行：

a）当复合绝缘子表面憎水性尚未永久消失，雨雾天气未出现明显放电时，可继续使用。

b）当复合绝缘子发生闪络后，应对复合绝缘子进行检查；若复合绝缘子伞裙护套、端部附件无明显损伤时，一般可不更换。

c）均压环偏斜应及时修复；均压环损伤不影响安全运行时，一般可不更换。

d）复合绝缘子受到外力破坏时，若仅个别伞裙上发现微小破损，且对复合绝缘子的机电性能没有影响，则可不更换。

8.3.2 更换

若出现以下情况之一，该复合绝缘子应予更换：

a）伞套脆化（伞套对折时开裂）。

b）憎水性永久消失。

c）护套受损危及芯棒。

d）伞裙大面积破损。

e）伞裙和护套出现蚀损。

f）伞裙之间粘接部位有脱胶等现象，复合绝缘子各连接部位密封失效、出现裂缝和滑移。

g）闪络后伞裙表面被电弧严重灼伤。

h）水泥厂、化工厂等重污秽地区，伞裙表面有硬垢、腐蚀，造成憎水迁移性丧失。

i）红外热成像检测发现有明显发热点。

j）端部金具严重锈蚀。

《架空输电线路状态检修导则》DL/T 1248—2013

表B.1   线路单元状态量检修策略

线路单元	状态量	状态量具体描述	检修策略	
			检修方法	检修时限
绝缘子串	绝缘子串闪络、爬电	正常运行有爬电现象	E.1	尽快开展
		遭受雷击闪络烧伤	E.1	尽快开展
	绝缘子表面温度	同串表面温差超过1℃	E.1	尽快开展
	绝缘子电压分布不合格	盘形悬式绝缘子电压值低于50%标准规定值（电压分布标准值见DL/T 626），或电压值高于50%的标准规定值，但明显低于相邻两侧合格绝缘子的电压值	E.1	尽快开展
	绝缘子机械强度下降	绝缘子机械强度下降到85%额定机电破坏负荷以下	E.1	尽快开展
	绝缘子铁帽、钢脚锈蚀	绝缘子铁帽锌层严重锈蚀起皮；钢脚锌层严重腐蚀在颈部出现沉积物，颈部直径明显减少或钢脚头变形	E.1	尽快开展
		钢脚锌层损失，颈部开始腐蚀	E.1	尽快开展
	复合绝缘子端部连接	端部金具连接出现滑移或缝隙	E.1	立即开展
		抽样检测发现端部密封失效	E.1	尽快开展
	复合绝缘子芯棒护套和伞裙损伤	复合绝缘子芯棒护套破损；伞裙多处严重破损或伞裙材料表面出现粉化、龟裂、电蚀、树枝状痕迹等现象	E.1	尽快开展
		伞裙有部分破损、脱落、老化、变硬现象	E.1	尽快开展
	锁紧销缺损	锁紧销断裂、缺失、失效	E.1	尽快开展
		锁紧销锈蚀、变形	E.1	适时开展

线路单元	状态量	状态量具体描述	检修策略	
			检修方法	检修时限
绝缘子串	绝缘子积污	在积污期来临以前，瓷或玻璃绝缘子表面盐密达到该绝缘子串在最高运行电压下能够耐受盐密值50%以上	E.1	尽快开展
		在积污期来临之前，瓷或玻璃绝缘子表面盐密为该绝缘子串在最高运行电压下能够耐受盐密值的30%~50%	E.1	基准周期开展
	瓷绝缘子零值和玻璃绝缘子自爆情况	一串绝缘子中含有多只零值瓷绝缘子或玻璃绝缘子自爆情况，且良好绝缘子片数少于规定的最少片数	B.1.2	立即开展
		一串绝缘子中含有一只或多只零值瓷绝缘子或玻璃绝缘子自爆情况，但良好绝缘子片数大于或等于规定的最少片数	E.1	尽快开展
	复合绝缘子及防污涂料憎水性	现场测试复合绝缘子及防污涂料憎水性HC6级及以下	B.1.2/E.1	尽快开展
		现场测试复合绝缘子及防污涂料憎水性HC4~HC5级	B.1.2/E.1	尽快开展
		现场测试复合绝缘子及防污涂料憎水性HC2~HC3级	B.1.2/E.1	基准周期开展
	招弧角及均压环损坏	招弧角及均压环严重锈蚀、损坏、变形移位；招弧角间隙值与设计值偏差超过20%及以上	E.2	尽快开展
		招弧角及均压环部分锈蚀、烧蚀	E.2	适时开展
	绝缘子串倾斜	悬垂绝缘子串顺线路方向的偏斜角（除设计要求的预偏外）大于0°，且其最大偏移值大于350mm，绝缘横担端部偏移大于130mm	E.1	适时开展
		悬垂绝缘子串顺线路方向的偏斜角为（除设计要求的预偏外）7.5°~10°，且其最大偏移值在300mm~350mm，绝缘横担端部偏移100mm~130mm	E.1	适时开展
	瓷绝缘子釉面破损	瓷件釉面出现多个面积200mm²以上的破损或瓷件表面出现裂纹	E.1	尽快开展
		瓷件釉面出现单个面积200mm²以上的破损或多个面积较小的破损	E.1	尽快开展
	增爬裙损坏、脱落	同串绝缘子中2片以上增爬裙脱落或严重损伤	E.1	尽快开展
		同串绝缘子中2片及以下增爬裙脱落或严重损伤	E.1	适时开展

《带电设备红外诊断应用规范》DL/T 664—2008

表B.1　　　　　　　　　　　　电压致热型设备缺陷诊断判据

		热像特征	故障特征	温差K	处理建议	备注
绝缘子	瓷绝缘子	正常绝缘子串的温度分布同电压分布规律，即呈现不对称的马鞍型，相邻绝缘子温差很小，以铁帽为发热中心的热像图，其比正常绝缘子温度高	低值绝缘子发热（绝缘电阻在10MΩ~300MΩ）	1		如附录J的图J.40所示
		发热温度比正常绝缘子要低，热像特征与绝缘子相比，呈暗色调	零值绝缘子发热（0~10MΩ）			
		其热像特征是以瓷盘（或玻璃盘）为发热区的热像	由于表面污秽引起绝缘子泄漏电流增大	0.5		如附录J的图J.39所示
	合成绝缘子	在绝缘良好和绝缘劣化的结合处出现局部过热，随着时间的延长，过热部位会移动	伞裙破损或芯棒受潮	0.5~1		如附录J的图J.37所示
		球头部位过热	球头部位松脱、进水			如附录J的图J.38所示

2.2 瓷 绝 缘 子

2.2.1　瓷绝缘子串组掉串、脱开 ||||||||||||||||||||||||||||||||

瓷绝缘子串组掉串、脱开如图2-1所示。

（a）

（b）

（c）

（d）

（e）

（f）

图2-1　瓷绝缘子串组掉串

2.2.2　瓷绝缘子损伤

瓷绝缘子损伤如图2-2和图2-3所示。

图2-2　瓷绝缘子伞裙龟裂

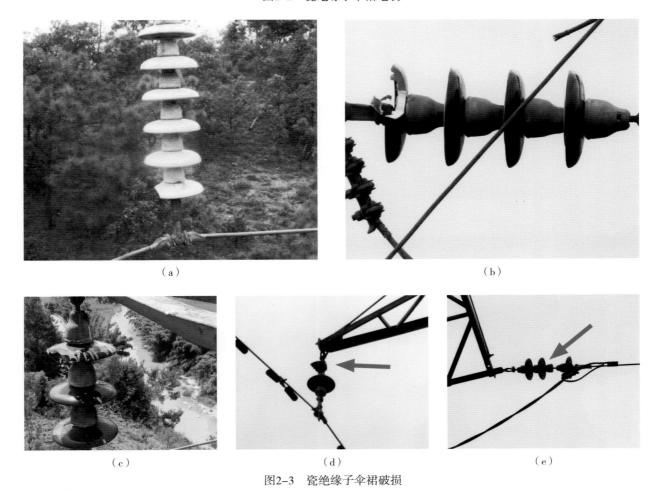

（a）　　　　　　　　　　　　　　　　（b）

（c）　　　　　　　　（d）　　　　　　　　（e）

图2-3　瓷绝缘子伞裙破损

2.2.3　瓷绝缘子电弧烧伤 |||||||||||||||||||||||||||||||||

瓷绝缘子电弧烧伤如图2-4所示。

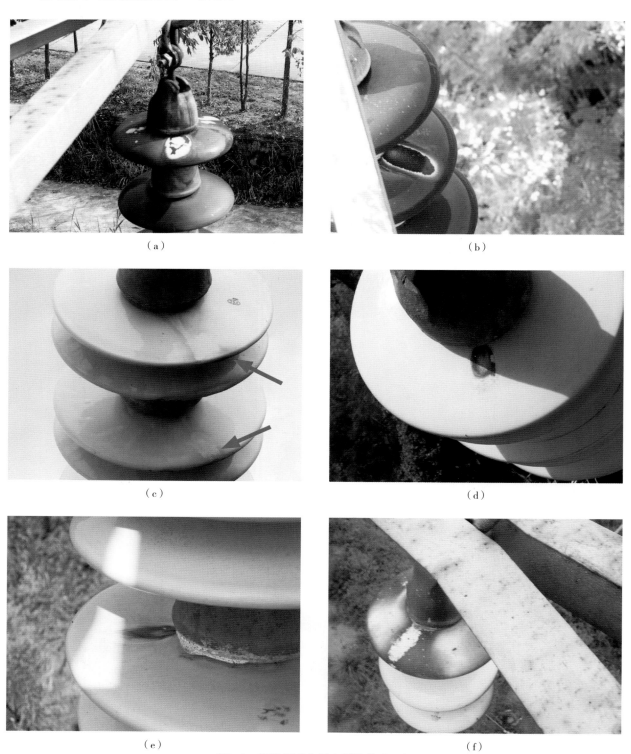

（a）　　　　　　　　　　　　　　　　　（b）

（c）　　　　　　　　　　　　　　　　　（d）

（e）　　　　　　　　　　　　　　　　　（f）

图2-4　瓷绝缘子伞裙电弧烧伤（一）

（g）

（h）

（i）

（j）

（k）

（l）

图2-4　瓷绝缘子伞裙电弧烧伤（二）

2.2.4 瓷绝缘子端部金具锈蚀

瓷绝缘子端部金具锈蚀如图2-5~图2-8所示。

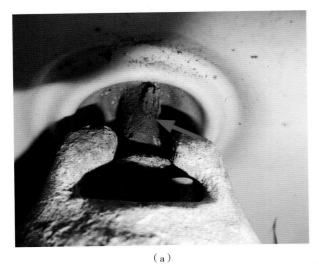
（a）

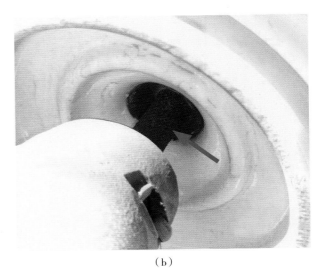
（b）

图2-5 瓷绝缘子钢脚锈蚀

图2-6 瓷绝缘子钢脚锈断

（a）

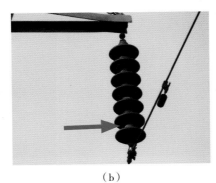
（b）

图2-7 瓷绝缘子钢帽锈蚀

图2-8 绝缘地线用瓷绝缘子端部
金具锈蚀

2.2.5　瓷绝缘子串组倾斜 ||||||||||||||||||||||||||||||||||||||||

瓷绝缘子串组倾斜如图2-9所示。

（a）

（b）

（c）

（d）

（e）

（f）

图2-9　瓷绝缘子串组倾斜

2.2.6 瓷绝缘子温升异常 |||||||||||||||||||||||||||||||||

瓷绝缘子温升异常如图2-10和图2-11所示。

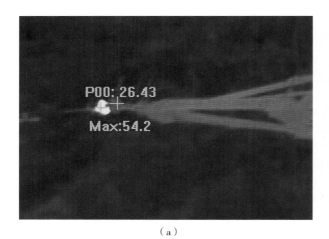

（a）

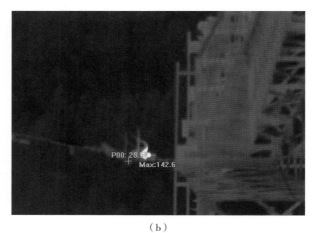

（b）

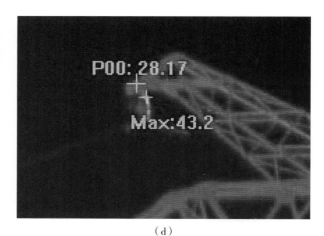

（c）

（d）

图2-10 绝缘地线用瓷绝缘子温升异常

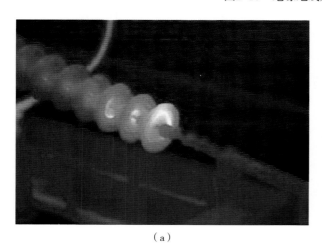

（a）

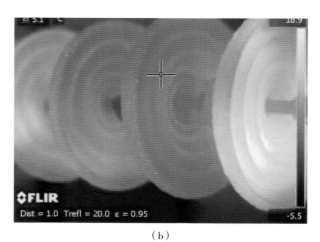

（b）

图2-11 瓷绝缘子温升异常

2.2.7　瓷绝缘子其他表象 ||||||||||||||||||||||||||||||||||||

瓷绝缘子其他表象如图2-12～图2-14所示。

图2-12　瓷绝缘子瓷裙有锈迹

（a）

（b）

图2-13　绝缘地线用瓷绝缘子瓷裙脏污

（a）

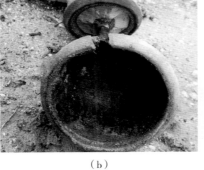

（b）

（c）

图2-14　瓷绝缘子炸裂解体

2.3　玻璃绝缘子

2.3.1 玻璃绝缘子串组掉串、脱开

玻璃绝缘子串组掉串、脱开如图2-15～图2-18所示。

（a）

（b）

图2-15 双联玻璃绝缘子串组掉串

（a）

（b）

图2-16 双联玻璃绝缘子串组一串掉串

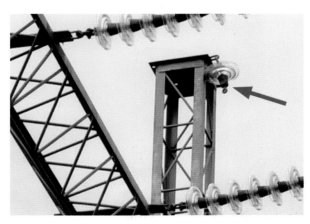

图2-17 地线玻璃绝缘子串组掉串

图2-18 玻璃绝缘子串组掉串

2.3.2 玻璃绝缘子损伤

玻璃绝缘子损伤如图2-19～图2-21所示。

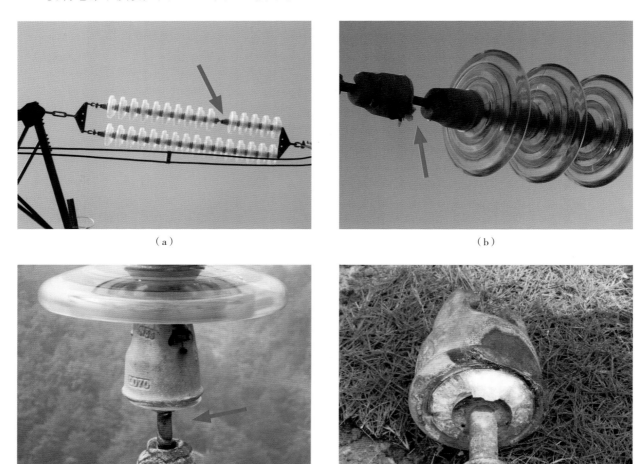

（a）

（b）

（c）

（d）

图2-19　玻璃绝缘子伞裙自爆

图2-20　带涂层玻璃绝缘子伞裙自爆

图2-21　玻璃绝缘子钢脚变形

2.3.3　玻璃绝缘子电弧烧伤

玻璃绝缘子电弧烧伤如图2-22和图2-23所示。

图2-22　玻璃绝缘子电弧烧伤（一）

（g）

（h）

（i）

图2-22　玻璃绝缘子电弧烧伤（二）

（a）　　　　　　　　　　（b）　　　　　　　　　　（c）

图2-23　带涂层玻璃绝缘子电弧烧伤

2.3.4　玻璃绝缘子端部金具锈蚀

玻璃绝缘子端部金具锈蚀如图2-24和图2-25所示。

（a）　　　　　　　　　　　　　　　　　（b）

（c）　　　　　　　　（d）　　　　　　　（e）

图2-24　玻璃绝缘子钢帽锈蚀

图2-25　地线用玻璃绝缘子放电间隙金具锈蚀

2.3.5 玻璃绝缘子串组倾斜

玻璃绝缘子串组倾斜如图2-26和图2-27所示。

（a）

（b）

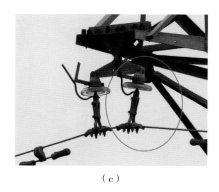

（c）

（d）

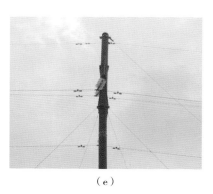

（e）

图2-26 玻璃绝缘子串组倾斜

图2-27 玻璃绝缘子串组不在同一轴线上

2.3.6 玻璃绝缘子温升异常 ||||||||||||||||||||||||||||||||||||

玻璃绝缘子温升异常如图2-28和图2-29所示

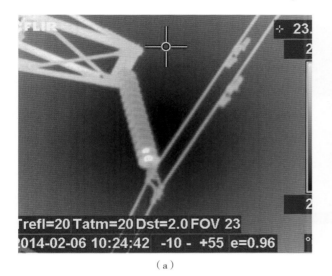

（a）

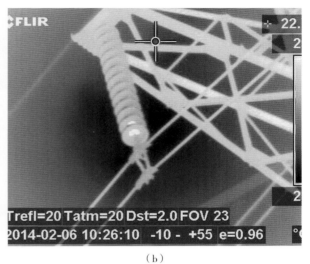

（b）

（c） （d） （e）

图2-28 玻璃绝缘子温升异常

图2-29 绝缘地线用玻璃绝缘子温升异常

2.3.7 玻璃绝缘子其他表象 |||||||||||||||||||||||||||||||||

玻璃绝缘子其他表象如图2-30~图2-39所示。

图2-30 绝缘地线用玻璃绝缘子脏污

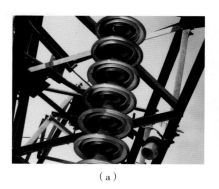

（a）

（b）

（c）

图2-31 玻璃绝缘子脏污

图2-32 玻璃绝缘子泥污未清洁

图2-33 玻璃绝缘子有油漆

图2-34 玻璃绝缘子伞裙顶住三角连板

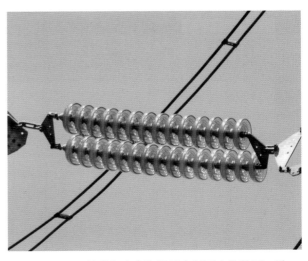

图2-35 双联耐张玻璃绝缘子串组两串片数不一致

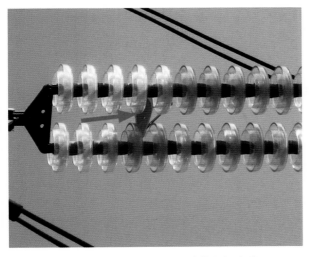

图2-36 玻璃绝缘子上有掉落的相序牌

图2-37 绝缘地线玻璃绝缘子放电间隙金具间隙过大

图2-38 绝缘地线玻璃绝缘子放电间隙金具一端缺失

图2-39 绝缘地线玻璃绝缘子放电间隙金具未安装

2.4　复　合　绝　缘　子

2.4.1　复合绝缘子串组掉串、脱开

复合绝缘子串组掉串、脱开如图2-40～图2-44所示。

（a）

（b）

图2-40　双联V形复合绝缘子串组一串端部脱开

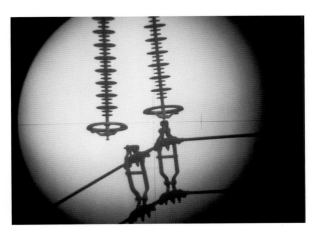

图2-41　双联悬垂复合绝缘子串组一串端部脱开

图2-42　双联V形复合绝缘子串组一串复合绝缘子断裂脱落

图2-43　双单联悬垂复合绝缘子串组一串脱落

图2-44　双联悬垂复合绝缘子串组掉串

2.4.2　复合绝缘子损伤

复合绝缘子损伤如图2-45~图2-47所示。

（a）

（b）

图2-45　复合绝缘子伞裙被动物啃咬

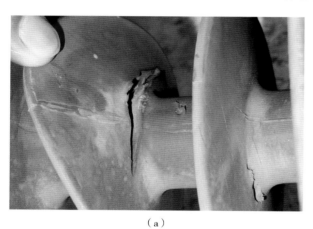

（a）

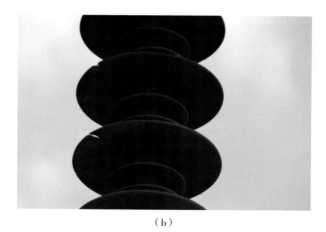

（b）

图2-46　复合绝缘子伞裙裂开

（a）

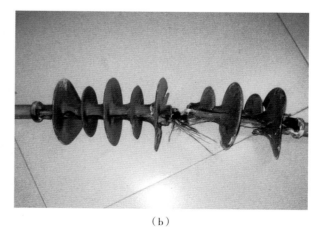

（b）

图2-47　复合绝缘子棒体击穿断裂

2.4.3 复合绝缘子电弧烧伤

复合绝缘子电弧烧伤如图2-48~图2-55所示。

（a）

（b）

（c）

图2-48　复合绝缘子端部密封、伞裙电弧烧伤

（a）

（b）

图2-49　复合绝缘子伞裙电弧烧伤

图2-50　复合绝缘子球头端部金具、端部密封、伞裙
　　　　电弧烧伤

图2-51　复合绝缘子球头端部金具电弧烧伤

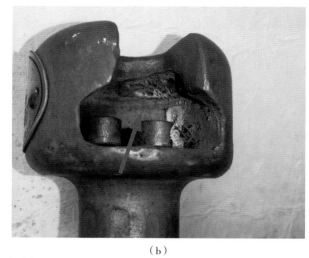

（a）　　　　　　　　　　　　　　　　　　　　（b）

图2-52　复合绝缘子碗头端部金具电弧烧伤

图2-53　复合绝缘子端部密封、球头端部金具电弧烧伤

图2-54　绝缘地线用复合绝缘子电弧烧伤

图2-55　复合绝缘子端部密封、碗头端部金具电弧烧伤

2.4.4　复合绝缘子端部金具锈蚀

复合绝缘子端部金具锈蚀如图2-56和图2-57所示。

（a）　　　　　　　　　　　　　　（b）

（c）　　　　　　　（d）　　　　　　　（e）

图2-56　复合绝缘子碗头端部金具锈蚀

图2-57　复合绝缘子球头端部金具锈蚀

2.4.5 复合绝缘子串组倾斜

复合绝缘子串组倾斜如图2-58所示。

图2-58 复合绝缘子串组倾斜

2.4.6　复合绝缘子温升异常

复合绝缘子温升异常如图2-59～图2-61所示。

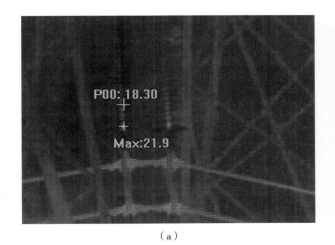

（a）

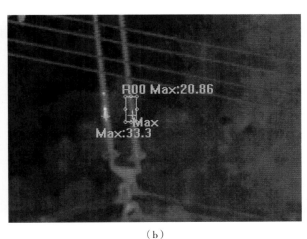

（b）

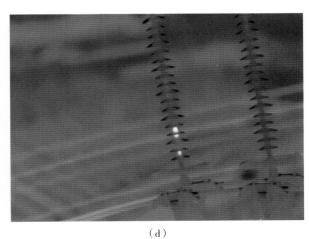

（c）

（d）

图2-59　复合绝缘子棒体温升异常

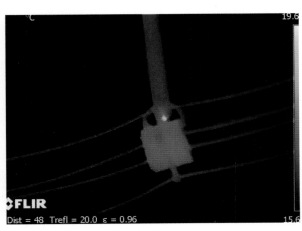

图2-60　复合绝缘子伞裙温升异常

图2-61　复合绝缘子端部密封温升异常

2.4.7　复合绝缘子其他表象

复合绝缘子其他表象如图2-62～图2-66所示。

（a）

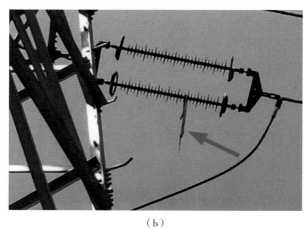
（b）

图2-62　复合绝缘子有蛇

图2-63　复合绝缘子伞裙有鞋印

图2-64　复合绝缘子碗头端部锁紧销未插到位

图2-65　复合绝缘子缠绕有绳子

图2-66　复合绝缘子伞裙憎水性下降

第3章

金　具

3.1　基础知识及相关条文

3.1.1　基础知识

1. 定义

电力金具是连接和组合电力系统中各种装置，起到传递机械负荷、电气负荷及某种防护作用的金属附件。

2. 金具的分类

（1）悬垂线夹：将导线悬挂至悬垂串组或杆塔的金具；悬垂线夹分类有：U形螺丝式悬垂线夹、带U形挂板悬垂线夹；带碗头挂板悬垂线夹、防晕型悬垂线夹、钢板冲压悬垂线夹、铝合金悬垂线夹、跳线悬垂线夹、预绞式悬垂线夹等。

（2）耐张线夹：用于固定导线，以承受导线张力，并将导线挂至耐张串组或杆塔上的金具。耐张线夹分类有：铸铁螺栓型耐张线夹、冲压式螺栓型耐张线夹、铝合金螺栓型耐张线夹、楔型耐张线夹、楔型UT形耐张线夹、压缩型耐张线夹、预绞式耐张线夹等。

（3）连接金具：用于将绝缘子、悬垂线夹、耐张线夹及保护金具等连接组合成悬垂或耐张串组的金具；连接金具分类有：球头挂环、球头连棍、碗头挂板、U形挂环、直角挂环、延长环、U形螺丝、延长拉环、平行挂板、直角挂板、U形挂板、十字挂板、牵引板、调整板、牵引调整板、悬垂挂轴、挂点金具、耐张联板支撑架、联板等。

（4）接续金具：用于两根导线之间的接续，并能满足导线所具有的机械及电气性能要求的金具；接续金具分类有：螺栓型接续金具、钳压型接续金具、爆压型接续金具、液压型接续金具、预绞式接续金具等。

（5）保护金具：用于对各类电气装置或金具本身，起到电气性能或机械性能保护作用的金具；保护金具分类有：预绞式护线条、铝包带、防振锤、间隔棒、悬重锤、均压环、屏蔽环、均压屏蔽环等。

3. 金具的常见异常表象

移位、脱落；部件松动、缺失；腐蚀、锈蚀；电弧烧伤；损伤；温升异常等。

4. 其他相关知识

（1）采用黑色金属制造的金具表面应热镀锌或采取其他相应的防腐措施。
（2）与横担连接的第一个金具应转动灵活且受力合理，其强度应高于串内其他金具强度。

（3）330kV及以上线路的绝缘子串及金具应考虑均压和防电晕措施，有特殊要求需要另行研制或采用非标准金具时，应经试验合格后方可使用。

（4）绝缘子串、导线及架空地线上的各种金具上的螺栓、穿钉及弹簧销子除有固定的穿向外，其余穿向应统一，并应符合《110kV～750kV架空输电线路施工及验收规范》（GB 50233—2014）第8.6条款的相关规定。

（5）各种类型的铝质绞线，在与金具的线夹夹紧时，除并沟线夹和使用预绞丝护线条外，安装时应在铝股外缠绕铝包带。

3.1.2　相关规程、规范条文 |||||||||||||||||||||||||||||||

《架空输电线路运行规程》DL/T 741—2010

5.4.1 金具本体不应出现变形、锈蚀、烧伤、裂纹，连接处转动应灵活，强度不应低于原值的80%。

5.4.2 防振锤、防振阻尼线、间隔棒等金具不应发生位移、变形、疲劳。

5.4.3 屏蔽环、均压环不应出现松动、变形，均压环不得反装。

5.4.4 OPGW余缆固定金具不应脱落，接续盒不应松动、漏水。

5.4.5 OPGW预绞丝线夹不应出现疲劳断脱或滑移。

5.4.6 接续金具不应出现下列任一情况：

a）外观鼓包、裂纹、烧伤、滑移或出口处断股，弯曲度不符合有关规程要求。

b）温度高于相邻导线温度10℃，跳线联板温度高于相邻导线温度10℃。

c）过热变色或连接螺栓松动。

d）金具内部严重烧伤、断股或压接不实（有抽头或位移）。

e）并沟线夹、跳线引流板螺栓扭矩值未达到相应规格螺栓拧紧力矩（见表3）。

表3　　　　　　　　　　　　　　螺栓型金具钢质热镀锌螺栓拧紧力矩值

螺栓直径 mm	8	10	12	14	16	18	20
拧紧力矩 N·m	9～11	18～23	32～40	50	80～100	115～140	105

6.2.3 设备巡视检查的内容可参照表5执行。

表5　　　　　　　　　　　　　　架空输电线路巡视检查主要内容表

巡视对象		检查线路本体和附属设施有无以下缺陷、变化或情况
线路本体	线路金具	线夹断裂、裂纹、磨损、销钉脱落或严重锈蚀；均压环、屏蔽环烧伤、螺栓松动；防振锤跑位、脱落、严重锈蚀、阻尼线变形、烧伤；间隔棒松脱、变形或离位；各种连板、连接环、调整板损伤、裂纹等

7.4 检测项目与周期规定（见表7）。

表7   检测项目与周期

项目		周期年	备注
金具	导流金具的测试： （1）直线接续金具	必要时	接续管采用望远镜观察接续管口导线有否断股、灯笼泡或最大张力后导线拔出移位现象；每次线路检修测试连接金具螺栓扭矩值应符合标准；红外测试应在线路负荷较大时抽测，根据测温结果确定是否进行测试
	（2）不同金属接续金具	必要时	
	（3）并沟线夹、跳线连接板、压接式耐张线夹	每次检修	
	金具锈蚀、磨损、裂纹、变形检查	每次检修时	外观难以看到的部位，应打开螺栓、垫圈检查或用仪器检查。如果开展线路远红外测温工作，则每年进行一次测温，根据测温结果确定是否进行测试
	间隔棒（器）检查	每次检修时	投运1年后紧固1次，以后进行抽查

《悬垂线夹》DL/T 756—2009

4.6 悬垂线夹的线槽及压条等与导线、地线相互接触的表面应平整光滑，不应存在毛刺、凸出物及可能磨损导线的缺陷。

《耐张线夹》DL/T 757—2009

5.6 所有用黑色金属制造的部件及附件均应采用热镀锌进行防腐处理，经供需双方同意，也可采用其他方法获得等效的防腐性能。钢锚的钢管内壁应无锌层。

5.8 耐张线夹表面应光滑，不应有裂纹、叠层和起皮等缺陷；管材表面的擦伤、划伤、压痕、挤压流纹深度不应超过其内径或外径允许的偏差范围。

5.9 引流板表面应平整，周边及孔边应倒棱去刺，焊接时不应灼伤电气接触面。

5.10 钢管中心同轴度公差不应大于0.8mm。

5.11 耐张线夹引流板采取双面接触型式时，引流管之平板端与引流板的安装间隙不应大于0.8mm。

5.12 铝管、铝合金管及钢管出口端应去刺并倒圆角。

《连接金具》DL/T 759—2009

4.6 连接金具的挂耳螺栓孔中心同轴度公差不大于1mm。

4.7 连接金具受剪螺栓的螺纹进入受力板件的长度不得大于受力板件壁厚的1/3。

5.2 连接金具周边及螺栓孔周边应倒棱去刺。气割下料的板件切割面应与板面垂直，板厚大于12mm的连接金具螺栓孔不应冲制。

5.7　采用黑色金属制造的连接金具，应采用热镀锌进行防腐处理，也可按供需双方商定的其他方法获得等效的防腐性能。

5.8　连接金具表面应光滑，不应有裂纹、叠层、起皮、缩松、返酸、锌渣、锌刺等缺陷。

《接续金具》DL/T 758—2009

4.9　压缩型接续金具应在管材外表面标注压缩部位及压缩方向。

4.10　预绞式接续金具的缠绕方向应与被接续的导线外层绞向一致。

5.2　接续金具的钢管、铝管及铝合金管出口处应倒棱去刺并倒圆角。

5.3　钢管中心同轴度公差不应大于0.8mm。

5.4　接续金具的表面应光滑，不应有裂纹、叠层和起皮等缺陷；管材表面的擦伤、划痕、挤压流纹等深度不应超过其内径或外径允许的偏差范围。

5.5　制造接续金具的黑色金属主体或附件，均应采用热镀锌防腐处理。钢管内壁无锌层。

《架空线路用预绞式金具技术条件》DL/T 763—2013

3.1　预绞式金具

由预绞成型的螺旋状金属丝或非金属丝及相关附件组成的金具。

4.3　金具类别

预绞式金具类别含义见表1。

表1　　　　　　　　　　　　　预绞式金具类别含义

预绞式金具类别	预绞式金具名称	代号
悬垂线夹	悬垂线夹	X
耐张线夹	耐张线夹	N
防护金具	防振金具	FZ
	防舞金具	FW
	护线条	FYH
接续金具	接续条	J
	补强接续条	JB
	补修条	JX

5. 结构型式

a）单挂点耐张线夹；

b）双挂点耐张线夹；

c）单挂点悬垂金具；

d）双挂点悬垂金具；

e）接续金具；

f）护线条；

g）防振鞭；

h）防舞鞭；

i）预绞式防振锤。

6.1.3 预绞丝外观

a）预绞丝的端头一般为圆台或半球形。若有防电晕要求，预绞丝的端头宜为鸭嘴形。

b）预绞丝表面应光洁，无裂纹、折叠和结疤等缺陷。

6.1.4 预绞丝螺旋方向：预绞式金具外层预绞丝应与绞线的外层旋向一致，一般为右旋。OPGW用耐张线夹内层预绞丝的旋向应与OPGW外层旋向相反。

6.1.7 采用黑色金属制造的部件及附件，一般采用热镀锌方法进行防腐处理。

《间隔棒技术条件和试验方法》DL/T 1098—2009

1. 范围

本标准适用于交、直流架空线路双分裂及以上的多分裂导线所用的刚性间隔棒、柔性间隔棒及阻尼间隔棒，但不适用于相间间隔棒和跳线间隔棒。

3. 术语和定义

3.1 间隔棒

使一相导线中的多根子导线保持一定的相对间隔位置的金具。

3.2 刚性间隔棒

在间隔棒位置上，子导线之间不能产生相对位移的间隔棒。

3.3 柔性间隔棒

在间隔棒位置上，允许子导线之间有适量相对位移的间隔棒。

3.4 阻尼间隔棒

在间隔棒关节内安装有阻尼元件，能够减轻分裂导线微风振动和次档距振荡的间隔棒。

4. 结构型式

a）双分裂间隔棒；

b）三分裂间隔棒；

c）十字形间隔棒；

d）环形间隔棒；

e）十字形预绞丝夹间隔棒；

f）矩形间隔棒；

g）方形间隔棒；

h）方形弹簧线夹间隔棒；

i）六分裂间隔棒；

j）八分裂间隔棒。

《防振锤技术条件和试验方法》DL/T 1099—2009

3.1 设计

防振锤的设计应能满足以下要求：

a）抑制微风振动；

b）能够承受安装、维修和运行等条件下的机械荷载；

c）在运行条件下，不应对导 / 地线产生损伤；

d）便于在导 / 地线上拆除或重新安装且不得损坏导 / 地线，便于带电安装和拆除；

e）电晕、无线电干扰和可听噪声应在要求的限度内；

f）安装方便、安全；

g）在运行中任何部件不应松动；

h）在运行寿命内应保持其使用功能；

i）防止积水。

注：当导/地线含有光纤时，要考虑防振锤对光纤元件的影响。

3.4 防腐

钢绞线防腐按 YB/T 4165 规定执行，两切割端面应采取防腐措施；锤头采用镀锌防腐或由需方指定。

《电力金具通用技术条件》GB/T 2314—2008

1. 范围

本标准规定了架空电力线路、变电站及电厂配电装置用电力金具（以下简称金具）在设计、制造及安装使用等方面的通用技术条件。

本标准适用于额定电压在35kV以上架空电力线路、变电站及电厂配电装置用的金具。对在严重腐蚀、污秽的环境、高海拔地区、高寒地区等条件下使用的金具尚应满足其他相关标准的有关规定。

3.7 金具外观质量除了厂标、型号等标识清晰可辨之外，还应符合下列要求。

3.7.1 黑色金属铸件的外观质量

a）铸件表面应光洁、平整，不允许有裂纹等缺陷；

b）铸件的重要部位（指不允许降低机械载荷的部位，以产品图样标注为准）不允许有气孔、砂眼、缩松、渣眼及飞边等缺陷；

c）在与其他零件连接及与导线、地线接触部位（如挂耳、线槽）不允许有胀砂、结疤、毛刺等妨碍连接及损坏导线或地线的缺陷。

3.7.2 锻制件、冲压件的外观质量

a）冲裁件的剪切断面斜度偏差应小于板厚的十分之一；

b）锻件、冲压件、剪切件应平整光洁，不允许有毛刺、开裂和叠层等缺陷；

c）锻件、热弯件不允许有过烧、叠层、局部烧熔及氧化皮存在。

3.7.3 铝制件的外观质量

a）铝制件表面应光洁、平整，不允许有裂纹等缺陷；

b）铝制件的重要部位（指不允许降低机械载荷的部位，以产品图样标注为准）不允许有缩松、气孔、砂眼、渣眼、飞边等缺陷；

c）铝制件与导线接触面及与其他零件连接的部位，接续管与压模的压缩部位，以及有防电晕要求的部位，不允许有胀砂、结疤、凸瘤等缺陷；

d）铝制件的电气接触面，不允许有碰伤、划伤、凹坑、凸起、压痕等缺陷。

3.7.4 铜铝件的电气接触面外观质量

铜铝件与导线的接触面应平整、光洁，不允许有毛刺或超过板厚极限偏差的碰伤、划伤、凹坑、凸起及压痕等缺陷。

3.7.5 焊接件的外观质量

a）焊缝应为细密平整的细鳞形，并应封边，咬边深度不大于1mm；

b）焊缝应无裂纹、气孔、夹渣等缺陷。

3.7.6 紧固件外观质量

a）紧固件表面不应有锌瘤、锌渣、锌灰存在；

b）外螺纹、内螺纹应光整；

c）螺杆、螺母均不应有裂纹；

d）螺杆头部应打印性能等级标记。

《带电设备红外诊断应用规范》DL/T 664—2008

表A.1　　电流致热型设备缺陷诊断判据

设备类别和部位		热像特征	故障特征	缺陷性质			处理建议	备注
				一般缺陷	严重缺陷	危急缺陷		
电器设备与金属部件的连接	接头和线夹	以线夹和接头为中心的热像，热点明显	接触不良	温差不超过15K，未达到严重缺陷的要求	热点温度>80℃或δ≥80%	热点温度>110℃或δ≥95%		δ：相对温差，如附录J的图J.7、图J.8和图J.16所示

续表

设备类别和部位		热像特征	故障特征	缺陷性质			处理建议	备注
				一般缺陷	严重缺陷	危急缺陷		
金属部件与金属部件的连接	接头和线夹	以线夹和接头为中心的热像，热点明显	接触不良	温差不超过15K，未达到重要缺陷的要求	热点温度>90℃或 $\delta \geqslant 80\%$	热点温度>130℃或 $\delta \geqslant 95\%$		如附录J的图J.42所示

《架空输电线路状态检修导则》DL/T 1248—2013

表B.1　　　　　　　　　　　　　线路单元状态量检修策略

线路单元	状态量	状态量具体描述	检修策略	
			检修方法	检修时限
金具	金具变形	变形影响电气性能或机械强度	E.2	尽快开展
		变形不影响电气性能或机械强度	E.2	适时开展
	金具锈蚀、磨损	锈蚀、磨损后机械强度低于原值的70%，或连接不正确，产生点接触磨损	E.2	尽快开展
		锈蚀、磨损后机械强度低于原值的70%～80%	E.2	尽快开展
	金具裂纹	出现裂纹	E.2	尽快开展
	锁紧销（开口销、弹簧销等）缺损	关键位置锁紧销断裂、缺失、失效	E.2	尽快开展
		非关键位置锁紧销断裂、缺失、失效	E.2	基准周期开展
		锈蚀、变形	E.2	基准周期开展
	接续金具	导地线出口处断股、抽头或位移，金具有裂纹；螺栓松动，相对温差不小于80%或相对温升大于20℃	B.1.4	立即开展
			C.4	
			E.2	
			E.3	
			E.4	
		外观鼓包、烧伤、弯曲度大于2%，相对温35%～80%或相对温升10℃～20℃	E.2	尽快开展
			E.3	
	间隔棒缺损和位移	间隔棒缺失或损坏	E.2	尽快开展
		间隔棒安装或连接不牢固，出现松动、滑移等现象	E.2	适时开展
	重锤缺损	重锤缺损，经验算会导致导线或跳线风偏不足	E.2	尽快开展
		重锤锈蚀	E.2	基准周期开展
	地线绝缘子放电间隙	间隙短接	E.2	尽快开展
		间隙与设计值偏差20%以上	E.2	基准周期开展
	防振锤缺损	防振锤滑移、脱落	E.2	适时开展
		防振锤锈蚀、扭转、失效	E.2	基准周期开展
	预绞丝护线条损坏	预绞丝护线条发生位移大于30cm、破损严重	E.2	尽快开展
		预绞丝护线条发生位移、破损轻微	E.2	基准周期开展
	阻尼线位移	发生位移大于30cm，影响防振效果的	E.2	适时开展
		发生位移不大于30cm，不影响防振效果的	E.2	基准周期开展

3.2 悬 垂 线 夹

3.2.1　悬垂线夹移位、脱落

悬垂线夹移位、脱落如图3-1~图3-6所示。

图3-1　悬垂线夹回转轴与挂板脱开

图3-2　悬垂线夹顺线路方向移位

图3-3　预绞式悬垂线夹顺线路方向移位

图3-4　悬垂线夹回转轴与挂板脱开

图3-5　悬垂线夹U形螺丝缺失，船体移位

图3-6　悬垂线夹不受力上扬

3.2.2　悬垂线夹部件松动、缺失 ||||||||||||||||||||||||||||||||||||||

悬垂线夹部件松动、缺失如图3-7～图3-12所示。

图3-7　双悬垂线夹U形螺丝缺失

图3-8　跳线双悬垂线夹回转轴缺闭口销及平垫圈

图3-9　双悬垂线夹缺压板

图3-10　悬垂线夹回转轴缺闭口销及平垫圈

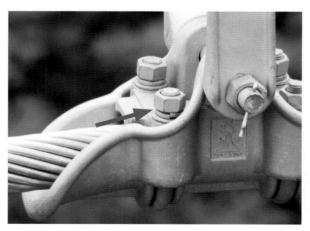

图3-11　悬垂线夹U形螺丝松动

图3-12　悬垂线夹缺压板

3.2.3 悬垂线夹腐蚀、锈蚀

悬垂线夹腐蚀、锈蚀如图3-13～图3-17所示。

（a）

（b）

图3-13 悬垂线夹锈蚀

图3-14 悬垂线夹U形螺丝、挂板螺栓锈蚀

图3-15 悬垂线夹与连接金具锈蚀

图3-16 悬垂线夹挂板锈蚀

图3-17 悬垂线夹回转轴平垫圈锈蚀

3.2.4　悬垂线夹电弧烧伤 ||||||||||||||||||||||||||||||||||||

悬垂线夹电弧烧伤如图3-18~图3-20所示。

（a）　　　　　　　　　　　　　　　（b）

（c）　　　　　　　　　　　　　　　（d）

图3-18　悬垂线夹电弧烧伤

图3-19　悬垂线夹挂板电弧烧伤

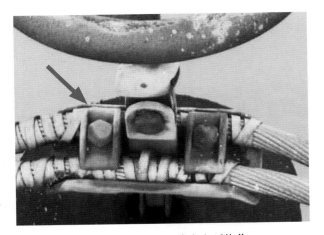

图3-20　跳线悬垂线夹电弧烧伤

3.2.5 悬垂线夹损伤

悬垂线夹损伤如图3-21～图3-26所示。

图3-21 悬垂线夹破损

图3-22 预绞式悬垂线夹破损

图3-23 四分裂跳线悬垂线夹破损

图3-24 四分裂跳线悬垂线夹破损

图3-25 悬垂线夹回转轴磨损

图3-26 悬垂线夹船体断裂

3.2.6　悬垂线夹温升异常 ||||||||||||||||||||||||||||||||

悬垂线夹温升异常如图3-27～图3-29所示。

图3-27　地线（OPGW）预绞式悬垂线夹温升异常

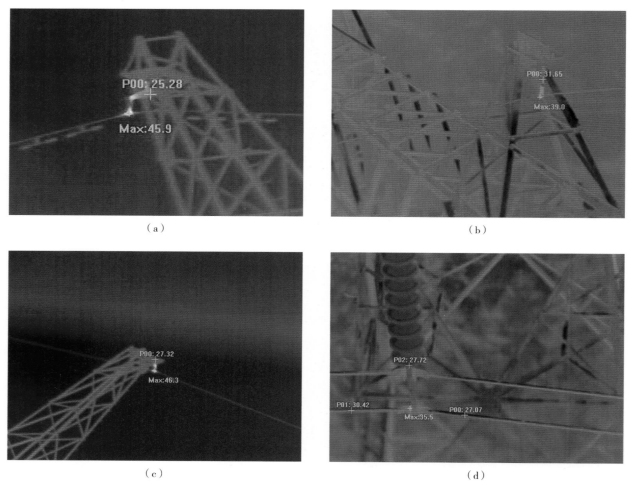

（a）

（b）

（c）

（d）

图3-28　地线悬垂线夹温升异常

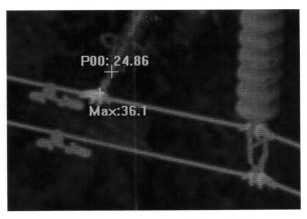

图3-29　线路避雷器悬垂线夹温升异常

3.2.7　悬垂线夹其他表象

悬垂线夹其他表象如图3-30～图3-35所示。

图3-30　悬垂线夹U形螺丝平垫圈与弹簧垫位置装反

图3-31　预绞式双悬垂线绞制工艺不合格（一端线夹内缺半个胶垫）

图3-32　双悬垂线夹安装不垂直

图3-33　悬垂线夹U形螺丝露牙不足，铝包带缠绕不规范

图3-34　预绞式悬垂线绞制工艺不合格　　　　　图3-35　跳线悬垂线夹用铁丝捆扎代替

3.3 耐 张 线 夹

3.3.1　耐张线夹移位、脱落 ||||||||||||||||||||||||||||||

耐张线夹移位、脱落如图3-36～图3-38所示。

（a）

（b）

（c）

图3-36　液压型耐张线夹铝管移位

（a）

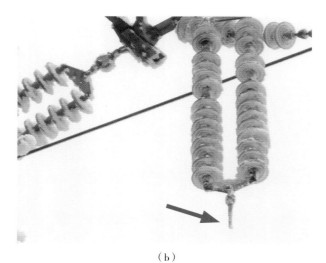
（b）

图3-37　液压型耐张线夹铝管脱锚

图3-38　瓷绝缘子解体，螺栓式耐张线夹脱落

3.3.2 耐张线夹部件松动、缺失

耐张线夹部件松动、缺失如图3-39~图3-43所示。

图3-39　液压型耐张线夹引流板螺栓缺弹簧垫及平垫圈

（a）

（b）

图3-40　液压型耐张线夹引流板螺栓松动

图3-41　液压型耐张线夹引流板螺栓缺弹簧垫

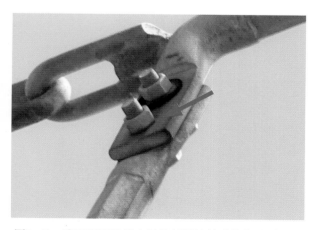

图3-42　液压型耐张线夹引流板螺栓缺弹簧垫及平垫圈

图3-43 液压型耐张线夹引流板缺螺栓

3.3.3 耐张线夹腐蚀、锈蚀 ||||||||||||||||||||||||||||||||||||||||||

耐张线夹腐蚀、锈蚀如图3-44～图3-47所示。

（a）

（b）

图3-44 爆压型耐张线夹钢锚锈蚀

图3-45 倒装式螺栓型耐张线夹锈蚀

（a）　　　　　　　　　　　　　　　　　（b）

图3-46　液压型耐张线夹钢锚锈蚀

图3-47　爆压型耐张线夹钢锚锌层腐蚀

3.3.4　耐张线夹电弧烧伤

耐张线夹电弧烧伤如图3-48～图3-50所示。

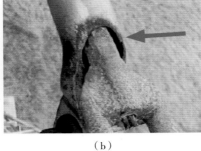

（a）　　　　　　　　　　（b）　　　　　　　　　　（c）

图3-48　液压型耐张线夹电弧烧伤

图3-49　液压型耐张线夹引流板电弧烧伤

（a）

（b）

图3-50　液压型耐张线夹引流板平垫圈处电蚀

3.3.5　耐张线夹损伤 |||||||||||||||||||||||||||||||||||||

耐张线夹损伤如图3-51～图3-55所示。

图3-51　液压型耐张线夹铝管有裂痕

图3-52　液压型耐张线夹变形

（a）

（b）

图3-53　液压型耐张线夹引流板有裂痕

图3-54　液压型耐张线夹变形

图3-55　液压型耐张线夹铝管弯曲

3.3.6　耐张线夹温升异常

耐张线夹温升异常如图3-56所示。

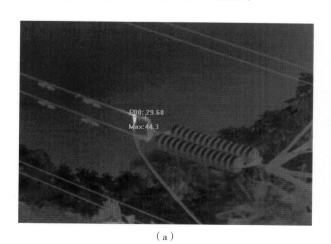
（a）

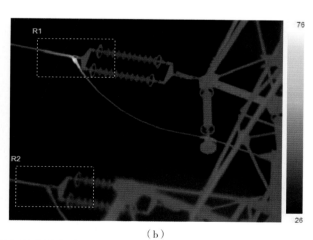
（b）

图3-56　液压型耐张线夹温升异常（一）

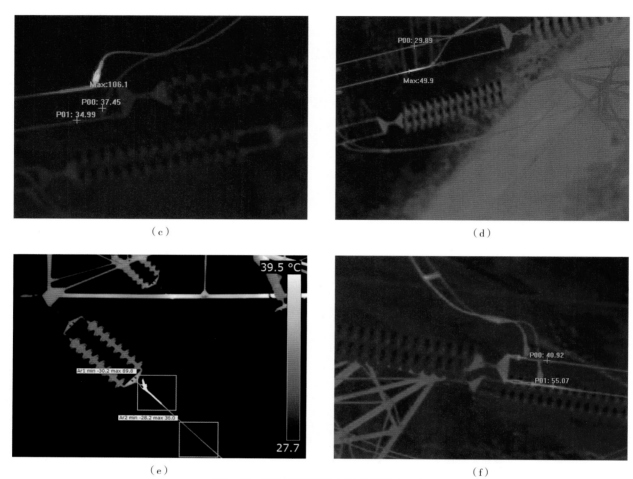

（c）　　　　　　　　　　　　　　　（d）

（e）　　　　　　　　　　　　　　　（f）

图3-56　液压型耐张线夹温升异常（二）

3.3.7　耐张线夹其他表象

耐张线夹其他表象如图3-57～图3-62所示。

图3-57　液压型耐张线夹棱边毛刺未清除

图3-58　液压型耐张线夹铝管错压不压区

图3-59　液压型耐张线夹铝管少压一模

图3-60　液压型耐张线夹铝管错压不压区

图3-61　液压型耐张线夹引流板与跳线线夹孔位不对

图3-62　倒装式螺栓型耐张线夹装反

3.4　连　接　金　具

3.4.1　连接金具移位、脱落

连接金具移位、脱落如图3-63和图3-64所示。

图3-63　球头挂环脱开

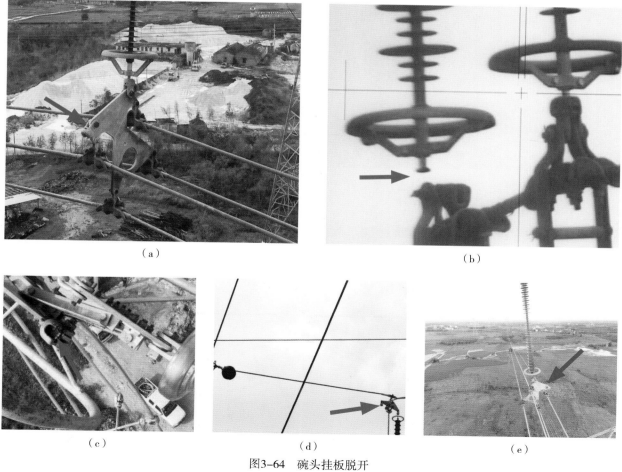

（a）

（b）

（c）

（d）

（e）

图3-64　碗头挂板脱开

3.4.2　连接金具部件松动、缺失 |||||||||||||||||||||||||||||||||||||

连接金具部件松动、缺失如图3-65～图3-70所示。

图3-65　U形挂环连扇形调整板螺栓的螺母缺失

图3-66　U形挂环连U形挂环螺栓的螺母和闭口销缺失

图3-67　U形挂环连三角连板螺栓松退，螺母和
闭口销缺失

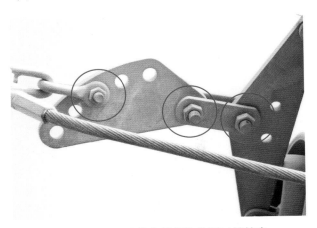

图3-68　多个连接金具螺栓的闭口销缺失

图3-69　四分裂跳线系统支撑架连板一端螺栓缺失

图3-70　U形挂环连液压型耐张线夹钢锚螺栓的闭口销
缺失、螺母松退

3.4.3　连接金具腐蚀、锈蚀 ||||||||||||||||||||||||||||

连接金具腐蚀、锈蚀如图3-71～图3-75所示。

（a）

（b）

图3-71　U形挂环及螺栓锈蚀

图3-72　延长环、三角连板、直角挂板及球头挂环锈蚀

图3-73　直角挂板及螺栓锈蚀

图3-74　四分裂耐张串组连接金具锈蚀

图3-75　四分裂悬垂串组连接金具锈蚀

3.4.4　连接金具电弧烧伤

连接金具电弧烧伤如图3-76～图3-81所示。

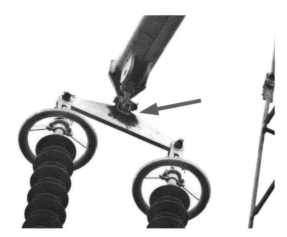

图3-76　直角挂板、三角连板电弧烧伤

图3-77　UB挂板、球头挂环电弧烧伤

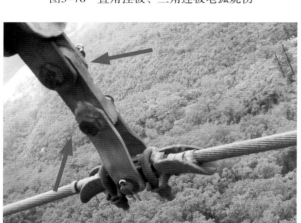

图3-78　UB挂板、平行挂板及悬垂线夹挂板电弧烧伤

图3-79　U形螺丝、U形挂环及球头挂环电弧烧伤

图3-80　碗头挂板、UB挂板及悬垂线夹挂板电弧烧伤

图3-81　三角连板电弧烧蚀

3.4.5　连接金具损伤

连接金具损伤如图3-82～图3-86所示。

（a）

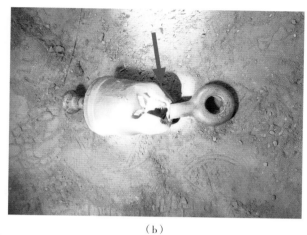

（b）

图3-82　球头挂环断裂

图3-83　直角挂板断裂

图3-84　碗头挂板碗口裂开

图3-85　挂点板、UB挂板磨损

图3-86　悬垂线夹挂板磨损

3.4.6 连接金具温升异常 ||||||||||||||||||||||||||||||

连接金具温升异常如图3-87 ~ 图3-89所示。

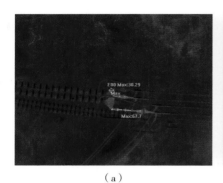
（a）

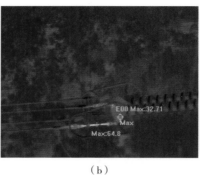
（b）

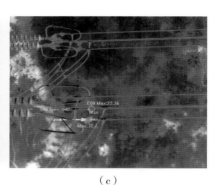
（c）

图3-87　U形挂环、延长拉杆、直角挂板及扇形
调整板温升异常

图3-88　UB挂板、三角连板及悬垂线夹挂板温升异常

（a）

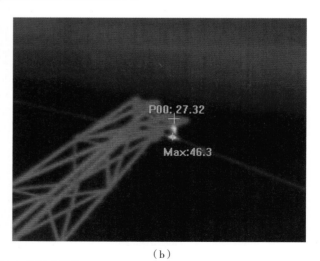
（b）

图3-89　地线连接金具温升异常

3.4.7　连接金具其他表象

连接金具其他表象如图3-90～图3-95所示。

图3-90　U形挂环用卸扣代替

图3-91　金具串装型式不规范

图3-92　连接扇形调整板的U形挂环太短

图3-93　碗头挂板太短

图3-94　U形挂环螺栓太短无法穿闭口销

图3-95　U形挂环选型太小

3.5 接 续 金 具

3.5.1　接续金具移位、脱落

接续金具移位、脱落如图3-96~图3-101所示。

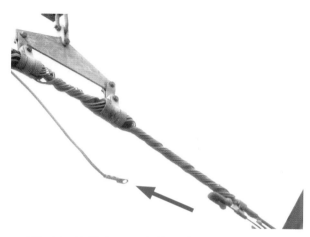

图3-96　地线（OPGW）接地引流线接地线夹脱开

图3-97　地线引流线并沟线夹脱落

图3-98　地线引流线及其并沟线夹脱落

图3-99　导线跳线四根子线跳线线夹均脱落，跳线掉线

图3-100　导线跳线一根子线跳线线夹脱落，子线掉线

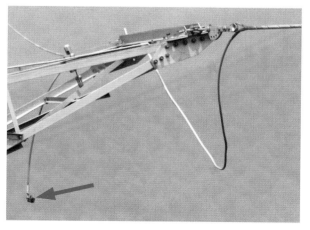

图3-101　地线（OPGW）引流线线夹脱落

3.5.2 接续金具部件松动、缺失 |||||||||||||||||||||||||||||||||||||||

接续金具部件松动、缺失如图3-102~图3-106所示。

图3-102 跳线线夹引流板缺螺栓

（a）

（b）

图3-103 跳线线夹引流板螺栓缺弹簧垫、平垫圈

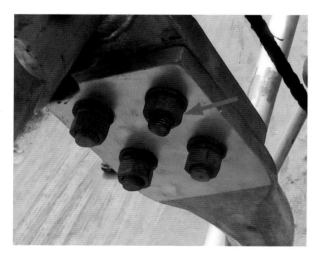

图3-104 跳线线夹引流板螺栓缺弹簧垫

图3-105 跳线线夹引流板未紧固

图3-106 跳线线夹引流板螺栓松动，缺弹簧垫、平垫圈

3.5.3　接续金具腐蚀、锈蚀

接续金具腐蚀、锈蚀如图3-107~图3-110所示。

（a）

（b）

（c）

图3-107　并沟线夹螺栓锈蚀

图3-108　跳线线夹引流板螺栓锈蚀

图3-109　跳线线夹引流板腐蚀

图3-110　并沟线夹锈蚀

3.5.4　接续金具电弧烧伤

接续金具电弧烧伤如图3-111～图3-115所示。

图3-111　并沟线夹正在电弧烧伤

图3-112　并沟线夹电弧烧伤

（a）

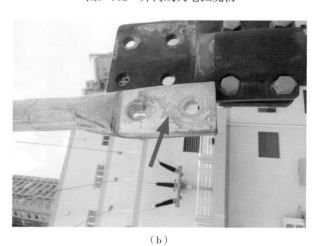

（b）

图3-113　跳线线夹引流板电弧烧伤

图3-114　跳线线夹铝管电弧烧伤

图3-115　螺栓型T形线夹电弧烧伤

3.5.5　接续金具损伤

接续金具损伤如图3-116~图3-118所示。

（a）　　　　　　　　　　　　　（b）

（c）　　　　　　　　　　　　　（d）

图3-116　液压接续管弯曲变形

图3-117　导线跳线线夹铝管磨损

图3-118　并沟线夹损坏

3.5.6 接续金具温升异常 ||||||||||||||||||||||||||||||||||||

接续金具温升异常如图3-119和图3-120所示。

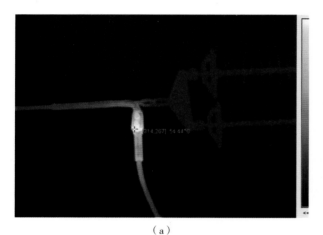

（a）

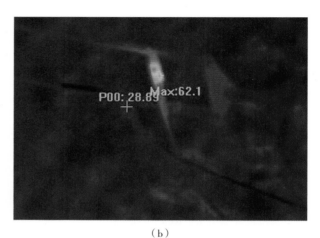

（b）

图3-119 跳线线夹温升异常

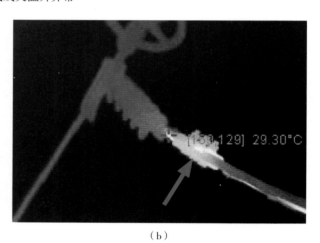

（b）

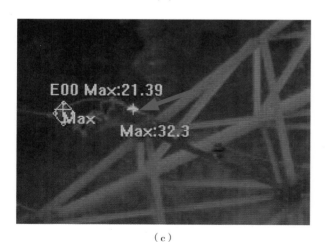

（c）

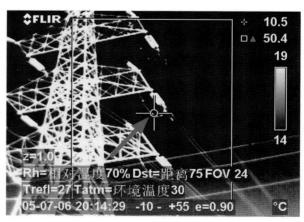

（d）

图3-120 并沟线夹温升异常

3.5.7　接续金具其他表象

接续金具其他表象如图3-121～图3-126所示。

图3-121　并沟线夹安装不规范

图3-122　液压型跳线线夹压接不规范

图3-123　液压型跳线线夹连接不规范

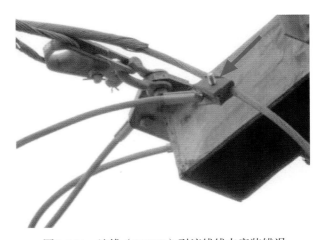

图3-124　地线（OPGW）引流线线夹安装错误

图3-125　跳线线夹引流板螺栓太短

图3-126　跳线线夹铝管内有薄膜

3.6 防 护 金 具

3.6.1　防护金具移位、脱落

防护金具移位、脱落如图3-127~图3-131所示。

图3-127　防振锤脱落

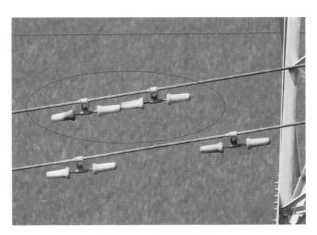

图3-128　防振锤移位

（a）

（b）

图3-129　均压环脱落

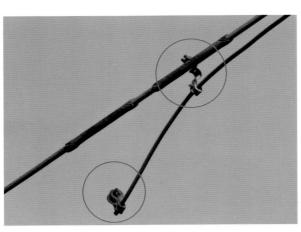

图3-130　阻尼线线夹脱落

图3-131　延长拉杆支撑间隔棒脱落

3.6.2 防护金具部件松动、缺失 |||||||||||||||||||||||||||||||||||||

防护金具部件松动、缺失如图3-132～图3-137所示。

图3-132 均压环一端支撑杆缺螺栓

图3-133 四分裂导线跳线重锤片螺杆缺闭口销

图3-134 延长拉杆支撑间隔棒螺栓松动

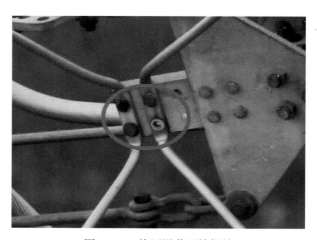

图3-135 均压屏蔽环缺螺栓

图3-136 均压环一端支撑杆缺螺栓

图3-137 悬重锤挂板螺栓闭口销回退

3.6.3　防护金具腐蚀、锈蚀

防护金具腐蚀、锈蚀如图3-138～图3-143所示。

图3-138　悬重锤挂板锈蚀

图3-139　钢筋混凝土悬重锤挂环锈蚀

图3-140　均压环腐蚀

图3-141　均压环锈蚀

图3-142　防振锤锈蚀

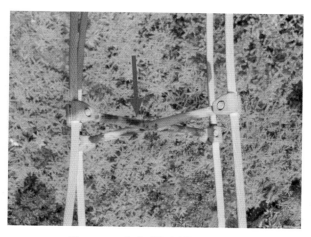

图3-143　十字形间隔棒锌层腐蚀

3.6.4 防护金具电弧烧伤

防护金具电弧烧伤如图3-144~图3-146所示。

（a）

（b）

（c）

（d）

图3-144 均压环电弧烧伤

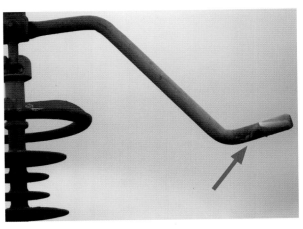

图3-145 招弧角电弧烧伤

图3-146 防振锤电弧烧伤

3.6.5　防护金具损伤 ||||||||||||||||||||||||||||||||

防护金具损伤如图3-147～图3-150所示。

（a）

（b）

图3-147　钢筋混凝土悬重锤破损

（a）

（d）

图3-148　方形间隔棒损坏

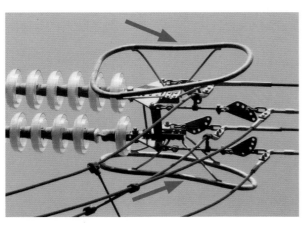

图3-149　均压屏蔽环变形

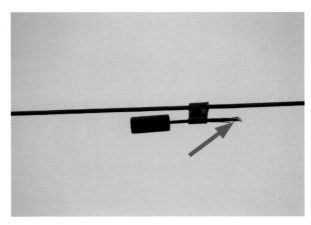

图3-150　防振锤一端锤头缺失

3.6.6　防护金具温升异常 ||||||||||||||||||||||||||||||||||||

防护金具温升异常如图3-151～图3-154所示。

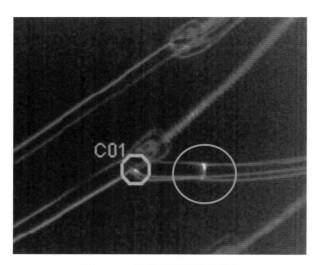

图3-151　跳线间隔棒温升异常

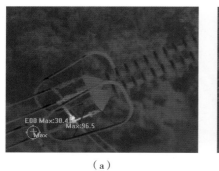

（a）

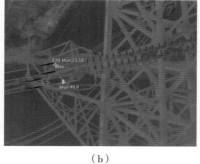

（b）

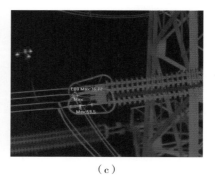

（c）

图3-152　延长拉杆跳线支撑间隔棒温升异常

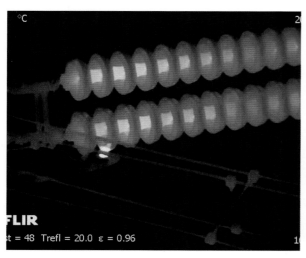

图3-153　均压屏蔽环温升异常

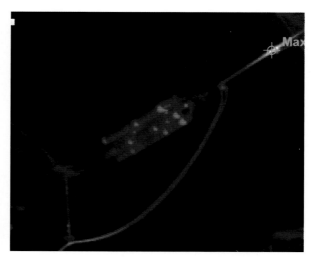

图3-154　导线护线条、阻尼线并沟线夹发热

3.6.7 防护金具其他表象

防护金具其他表象如图3-155～图3-159所示。

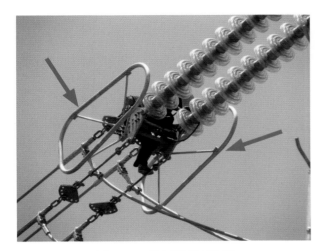

图3-155 均压屏蔽环装反

图3-156 均压屏蔽环缺失

图3-157 重锤式均压环装反

（a）

（b）

图3-158 均压环安装错误

图3-159 防振锤安装不垂直

第 4 章

杆　　塔

4.1　基础知识及相关条文

4.1.1　基础知识

1. 定义

杆塔是通过绝缘子串组悬挂导线的装置。是用来支持导线、避雷线及其附件的支持物，以保证导线与导线、导线与地线、导线与地面或交叉跨越物之间有足够的安全距离。

2. 杆塔的分类

杆塔按其受力性质，宜分为悬垂型、耐张型杆塔。悬垂型杆塔宜分为悬垂直线和悬垂转角杆塔；耐张型杆塔宜分为耐张直线、耐张转角和终端杆塔。

直线杆塔：用于架空线路直线段的杆塔，其导线用悬垂线夹、针型或支柱型绝缘子悬挂。

转角杆塔：用于线路改变水平方向的杆塔。

直线转角杆塔：用于以小或中等角度改变线路方向的杆塔，它的导线用悬垂绝缘子串悬挂。

耐张杆塔：用耐张绝缘子组悬挂导线或分裂导线的杆塔。

终端杆塔：用于线路一端承受导线张力的杆塔。

杆塔按其回路数，应分为单回路、双回路和多回路杆塔。单回路导线既可水平排列，也可三角排列或垂直排列；双回路和多回路杆塔导线可按垂直排列，必要时可考虑水平和垂直组合方式排列。

铁塔部件有：主材、斜材、交叉材、水平材、辅材、连板、塔脚板、挂点板、脚钉、爬梯。

钢管塔、钢管组合塔部件有：主材、斜材、交叉材、水平材、辅材、连板、肋板、法兰盘、塔脚、挂点板、工作扣环、脚钉、爬梯。

钢筋混凝土杆部件有：杆身、钢板圈、横担、横担拉杆、拉线系统。

钢管杆部件有：杆身、法兰盘、横担、横担拉杆。

3. 杆塔常见异常表象

（1）杆塔整体：倾覆；倾斜、挠曲；倒杆、断杆；

（2）杆塔横担：歪斜、扭曲；损坏；

（3）杆塔塔材：缺失、松动；损伤；电弧烧伤；锈蚀；有异物；

（4）杆塔拉线：锈蚀；损伤；

（5）钢管杆、钢筋混凝土杆杆身：损伤；锈蚀。

4．其他相关知识

（1）杆塔各构件的组装应牢固，交叉处有空隙时应装设相应厚度的垫圈或垫板。

（2）当采用螺栓连接构件时，应符合下列规定：

1）螺栓应与构件平面垂直，螺栓头与构件间的接触处不应有空隙；

2）螺母紧固后，螺栓露出螺母的长度：对单螺母，不应小于2个螺距；对双螺母，可与螺母相平；

3）螺栓加垫时，每端不宜超过2个垫圈；

4）连接螺栓的螺纹不应进入剪切面。

（3）杆塔连接螺栓在组立结束时应全部紧固一次，检查扭矩值合格后方可架线。架线后，螺栓还应复紧一遍。

（4）自立式转角、终端耐张塔组立后，应向受力反方向预倾斜，预倾斜值应根据塔基础底面的地耐力、塔结构的刚度及受力大小由设计确定，架线挠曲后仍不宜向受力侧倾斜。对较大转角塔的预倾斜，其基础顶面应有对应的斜平面处理措施。

（5）拉线塔、拉线转角杆、终端杆、导线不对称布置的拉线直线单杆，组立时向受力反侧（或轻载侧）的偏斜不应超过拉线点高的3‰。在架线后拉线点处的杆身不应向受力侧倾斜。

（6）铁塔组立后，塔脚板应与基础面接触良好，有空隙时应用铁片垫实，并应浇筑水泥砂浆。铁塔应检查合格后方可浇筑混凝土保护帽，其尺寸应符合设计规定，并应与塔脚结合严密，不得有裂缝。

4.1.2 相关规程、规范条文 ||||||||||||||||||||||||||||||

《架空输电线路运行规程》DL/T 741—2010

`5.1.2` 杆塔的倾斜、杆（塔）顶挠度、横担的歪斜程度不应超过表 1 的规定。

表1　　　　杆塔的倾斜、杆（塔）顶挠度、横担歪斜最大允许值

类别	钢筋混凝土电杆	钢管	角钢塔	钢管塔
直线杆塔倾斜度（包括挠度）	1.5%	0.5%（倾斜度）	0.5%（50m及以上高度铁塔） 1.0%（50m以下高度铁塔）	0.5%
直线转角杆最大挠度		0.7%		
转角和终端杆66kV及以下最大挠度		1.5%		
转角和终端杆110kV～220kV最大挠度		2%		
杆塔横担歪斜度	1.0%		1.0%	0.5%

5.1.3 铁塔主材相邻结点间弯曲度不应超过0.2%。

5.1.4 钢筋混凝土杆保护层不应腐蚀脱落、钢筋外露，普通钢筋混凝土杆不应有纵向裂纹和横向裂纹，缝隙宽度不应超过0.2mm，预应力钢筋混凝土杆不应有裂纹。

5.1.5 拉线拉棒锈蚀后直径减少值不应超过2mm。

5.1.6 拉线基础埋层厚度、宽度不应减少。

5.1.7 拉线镀锌钢绞线不应断股，镀锌层不应锈蚀、脱落。

5.1.8 拉线张力应均匀，不应严重松弛。

6.2.3 设备巡视检查的内容可参照表5执行。

表5　架空输电线路巡视检查主要内容表

巡视对象		检查线路本体和附属设施有无以下缺陷、变化或情况
线路本体	拉线及基础	拉线金具等被拆卸、拉线棒严重锈蚀或蚀损、拉线松弛、断股、严重锈蚀、基础回填土下沉或缺土等

《架空输电线路状态检修导则》DL/T 1248—2013

表B.1　线路单元状态量检修策略

线路单元	状态量	状态量具体描述	检修策略 检修方法	检修策略 检修时限
杆塔	杆塔倾斜	一般杆塔、钢管杆（塔）倾斜度≥20‰，50m以上杆塔钢管杆（塔）倾斜度不小于15‰；混凝土杆倾斜度不小于25‰	D.1	立即开展
		一般杆塔、钢管杆（塔）倾斜15‰～20‰，50m以上杆塔、钢管杆（塔）倾斜度10‰～15‰；混凝土杆倾斜度20‰～25‰	D.1	尽快开展
		一般杆塔、钢管杆（塔）倾斜度10‰～15‰，50m以上杆塔、钢管杆（塔）倾斜度5‰～10‰；混凝土杆倾斜度15‰～20‰	D.1	适时开展
	钢管杆杆顶最大挠度	直线钢管杆杆顶最大挠度大于10‰；直线转角钢管杆杆顶最大挠度大于15‰；耐张钢管杆杆顶最大挠度大于24‰	D.1	立即开展
		直线钢管杆杆顶最大挠度7‰～10‰；直线转角钢管杆杆顶最大挠度10‰～15‰；耐张钢管杆杆顶最大挠度22‰～24‰	D.1	尽快开展
		直线钢管杆杆顶最大挠度5‰～7‰；直线转角钢管杆杆顶最大挠度7‰～10‰；耐张钢管杆杆顶最大挠度20‰～22‰	D.1	适时开展
	杆塔、钢管塔主材弯曲	主材弯曲度大于7‰	B.1.1	尽快开展
		主材弯曲度5‰～7‰	B.1.1	尽快开展
		主材弯曲度2‰～5‰	B.1.1	适时开展
	杆塔横担歪斜	歪斜度大于10‰	B.1.1	尽快开展
		歪斜度5‰～10‰	B.1.1	尽快开展
		歪斜度1‰～5‰	B.1.1	适时开展

线路单元	状态量	状态量具体描述	检修策略	
			检修方法	检修时限
杆塔	杆塔和钢管塔构件缺失、松动	缺少大量非主要承力塔材、螺栓、脚钉或较多节点板，螺栓松动15%以上，地脚螺母缺失；未采取塔材防盗措施	D.7	尽快开展
		缺少较多非主要承力塔材、螺栓、脚钉或个别节点板，螺栓松动10%～15%；采取的防盗措施不满足防盗要求	D.7	尽快开展
		缺少少量非主要承力塔材、螺栓、脚钉，螺栓松动10%以下；防盗防外力破坏措施失效或设施缺失	D.7	适时开展
		少量非主要承力塔材、螺栓、脚钉变形	D.7	基准周期开展
	连接钢圈、法兰盘损坏	钢管杆、混凝土杆连接钢圈焊缝出现裂纹	D.1	立即开展
		钢管杆、混凝土杆法兰盘个别连接螺栓丢失	D.1	尽快开展
		钢管杆、混凝土杆连接钢圈锈蚀或法兰盘个别连接螺栓松动	D.1	尽快开展
	杆塔、钢管杆（塔）锈蚀情况	锈蚀很严重，大部分非主要承力塔材、螺栓和节点板剥壳	D.4	尽快开展
		锈蚀较严重、较多非主要承力塔材、螺栓和节点板剥壳	D.4	适时开展
		镀锌层失效，有轻微锈蚀	D.4	基准周期开展
	混凝土杆裂纹	普通混凝土杆横向裂缝宽度大于0.4mm，长度超过周长2/3，纵向裂纹超过该段长度的1/2；保护层脱落、钢筋外露。预应力混凝土电杆及构件纵向、横向裂缝宽度大于0.3mm	D.5	尽快开展
		普通混凝土杆横向裂缝宽度0.3mm～0.4mm，长度为周长1/3～2/3，纵向裂纹为该段长度的1/3～1/2；水泥剥落，严重风化。预应力混凝土电杆及构件纵向、横向裂缝宽度0.1mm～0.2mm	D.5	尽快开展
		普通混凝土杆横向裂缝宽度0.2mm～0.3mm；预应力钢筋混凝土杆有裂缝，裂纹小于该段长度的1/3；水泥剥落有风化现象。预应力混凝土电杆及构件纵向、横向裂缝宽度小于0.1mm	D.5	尽快开展
	外部影响	未经许可在杆塔上架设电力线、通信线、广播线及安装广播喇叭等装置	D.11	尽快开展
		在杆塔及拉线上筑有鸟巢、蜂窝及有蔓藤类植物附生	D.8	尽快开展
	拉线棒锈蚀	拉线棒锈蚀超过设计截面30%以上	D.6	立即开展
		拉线棒锈蚀超过设计截面25%～30%	D.6	尽快开展
		拉线棒锈蚀超过设计截面20%～25%	D.6	尽快开展
		拉线棒锈蚀不超过设计截面20%	D.6	适时开展
	拉线锈蚀损伤、缺件	断股、锈蚀截面大于17%；UT线夹任一螺杆上无螺帽；UT线夹锈蚀、损伤超过截面30%；拉线及拉线金具未采取防盗措施	D.6	立即开展
		断股、锈蚀7%～17%截面；UT线夹缺少两颗双帽；UT线夹锈蚀、损伤超过截面25%～30%；拉线及拉线金具采取的防盗措施不满足要求	D.6	尽快开展
		断股、锈蚀小于7%截面；摩擦或撞击；受力不均、应力超出设计要求；UT线夹被埋或安装错误，不满足调节需要或缺少一颗双帽；UT线夹锈蚀损伤超过截面20%～25%	D.6	尽快开展

4.2　杆　塔　整　体

4.2.1　铁塔整体倾覆

铁塔整体倾覆如图4-1所示。

（a）　　　　　　　　　　　　（b）

（c）　　　　　　　　　　　　（d）

（e）　　　　　　　　　　　　（f）

图4-1　铁塔倾覆

4.2.2 杆塔整体倾斜、挠曲 ||||||||||||||||||||||||||||||||||||||||

杆塔整体倾斜、挠曲如图4-2～图4-7所示。

图4-2　钢筋混凝土杆挠曲

图4-3　门型钢筋混凝土杆倾斜

图4-4　门型钢筋混凝土杆倾斜

图4-5　拉线铁塔挠曲

图4-6　铁塔塔头挠曲

图4-7　铁塔倾斜

4.2.3　钢筋混凝土杆倒杆、断杆

钢筋混凝土杆倒杆、断杆如图4-8和图4-9所示。

（a）

（b）

（c）

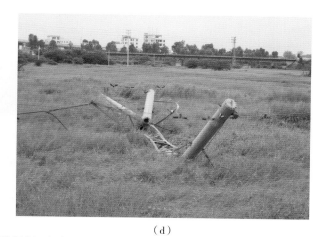

（d）

图4-8　门型钢筋混凝土杆倒杆

（a）

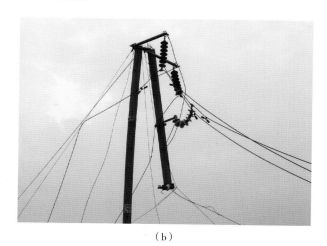

（b）

图4-9　钢筋混凝土杆断杆

4.3　杆　塔　横　担

4.3.1 杆塔横担歪斜、扭曲 |||||||||||||||||||||||||||||||

杆塔横担歪斜、扭曲如图4-10～图4-12所示。

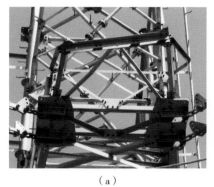
（a）

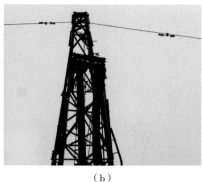
（b）

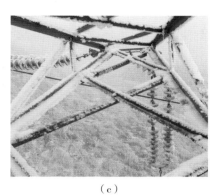
（c）

图4-10 铁塔横担扭曲

（a）

（b）

图4-11 钢筋混凝土杆横担歪斜

图4-12 铁塔横担歪斜

4.3.2　杆塔横担损坏 |||||||||||||||||||||||||||||||||

杆塔横担损坏如图4-13～图4-15所示。

图4-13　钢筋混凝土杆横担损坏

图4-14　铁塔导线横担损坏

（a）

（b）

（c）

（d）

图4-15　铁塔地线横担损坏

4.4　杆　塔　塔　材

4.4.1 塔材缺失、松动 |||||||||||||||||||||||||||||||||||

塔材缺失、松动如图4-16～图4-33所示。

图4-16 钢管塔塔身缺辅材

图4-17 钢管组合塔塔身缺辅材

图4-18 钢管塔主材法兰盘缺螺栓

图4-19 钢管塔辅材法兰盘缺螺栓

图4-20 铁塔塔身缺辅材

图4-21 铁塔塔身缺连板

图4-22　铁塔平台护栏缺塔材

图4-23　铁塔塔身缺连板

图4-24　钢管塔辅材法兰盘缺垫铁

图4-25　钢管组合塔缺一段爬梯

图4-26　铁塔辅材间隙缺垫铁

图4-27　钢管塔辅材间隙缺垫铁

图4-28　钢管塔辅材缺脚钉

图4-29　铁塔缺辅材

图4-30　钢管塔横担主材法兰盘未紧固

图4-31　钢管塔辅材连板未紧固

图4-32　铁塔主材连板未紧固

图4-33　铁塔导线横担尾螺栓未紧固

4.4.2　塔材损伤

塔材损伤如图4-34～图4-42所示。

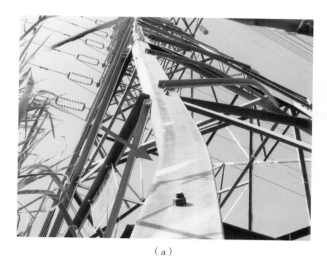
（a）

（b）

图4-34　铁塔主材变形

（a）

（b）

（c）

图4-35　铁塔导线横担主材变形

图4-36　钢管塔塔身辅材法兰口变形

图4-37 铁塔地线横担辅材变形

（a）

（b）

图4-38 铁塔塔身辅材变形

图4-39 铁塔塔身辅材裂开

图4-40 钢管塔塔身主材加劲肋板变形

图4-41 铁塔塔身主材、辅材变形

4.4.3 塔材电弧烧伤

塔材电弧烧伤如图4-42~图4-48所示。

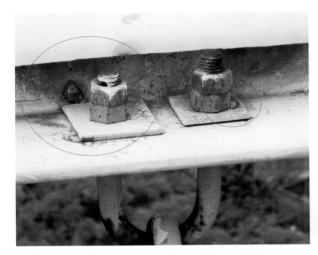

图4-42 铁塔导线挂点水平铁电弧烧伤

图4-43 铁塔导线横担电弧烧伤

（a）

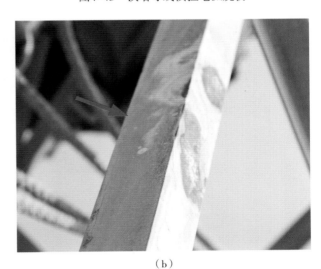

（b）

（c）

（d）

（e）

图4-44 铁塔塔身辅材电弧烧伤

图4-45　铁塔塔身主材、辅材电弧烧伤

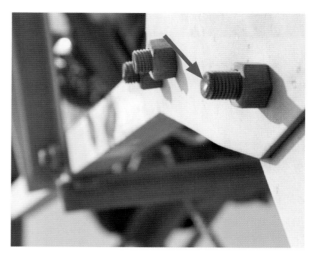

图4-46　铁塔塔身辅材、螺栓电弧烧伤

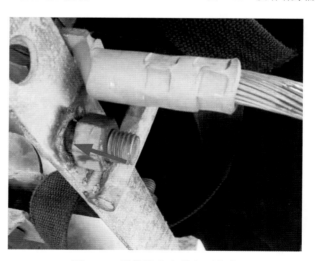

图4-47　铁塔塔身爬梯电弧烧伤

（a）

（b）

图4-48　铁塔主材接地孔处电弧烧伤

4.4.4　塔材锈蚀

塔材锈蚀如图4-49～图4-63所示。

（a）

（b）

（c）

图4-49　铁塔主材锈蚀鼓包

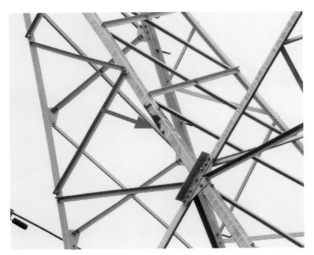

图4-50　铁塔K臂主材锈蚀

图4-51　钢管塔主材锌层腐蚀

图4-52　铁塔主材、辅材锈蚀

图4-53　铁塔主材、塔腿靴板锈蚀

图4-54　铁塔主材锈蚀

图4-55　铁塔塔腿靴板、肋板锈蚀

图4-56　铁塔塔脚板锈蚀

图4-57　铁塔塔身辅材、导线横担辅材锈蚀

图4-58　铁塔锈蚀

图4-59　铁塔连板、辅材锈蚀

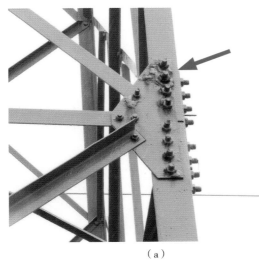

（a）　　　　　　　　　　　　　（b）

图4-60　铁塔连板锈蚀

图4-61　铁塔主材外包钢螺栓锈蚀

图4-62　铁塔横担主材螺栓、辅材锈蚀

图4-63　铁塔脚钉锈蚀

4.4.5　塔材有异物 ||||||||||||||||||||||||||||||||||

塔材有异物如图4-64~图4-79所示。

图4-64　铁塔地线横担遗留悬垂线夹

图4-65　铁塔地线横担遗留手扳葫芦

图4-66　钢管塔塔身平台横担遗留螺栓

图4-67　钢管组合塔平台遗留脚钉、平垫圈

图4-68　铁塔横担有蜂巢

图4-69　铁塔塔身有蜂巢

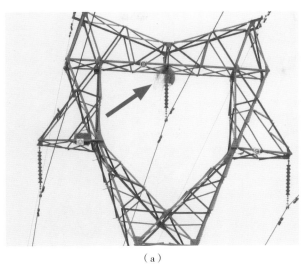
（a）

（b）

图4-70　铁塔横担挂点有鸟巢

图4-71　铁塔塔身地线横担处有鸟巢

图4-72　铁塔地线横担挂点有鸟巢

图4-73　铁塔塔身有鸟巢

图4-74　铁塔K臂顶端有鸟巢

图4-75　门型钢筋混凝土杆地线横担与导线横担间缠绕
有气球及宣传布幅

图4-76　铁塔塔身与导线横担间缠绕有宣传布幅

（a）

（b）

图4-77　铁塔塔身挂有居民低压电线

图4-78　铁塔塔腿堆放枯枝

图4-79　铁塔塔腿主材长有藤蔓

4.4.6　塔材其他表象

塔材其他表象如图4-80～图4-94所示。

图4-80　钢管塔主材法兰盘螺栓不符合规定

图4-81　钢管塔辅材法兰盘连接不符合规定

图4-82　钢管塔主材法兰盘螺栓穿向不规范

图4-83　钢管塔主材法兰盘螺栓大小不符合规定

图4-84　铁塔主材包钢螺栓太短

图4-85　钢管塔主材法兰盘螺栓太小

图4-86　铁塔主材油漆脱落

图4-87　铁塔横担油漆涂刷不均匀

图4-88　铁塔油漆面漆脱落

图4-89　铁塔塔腿被泥浆掩埋

（a）

（b）

（c）

图4-90　铁塔塔腿被土掩埋

图4-91 铁塔塔腿被滑坡土体掩埋

（a）

（b）

图4-92 铁塔塔腿浸水

图4-93 铁塔塔脚浸水

图4-94 铁塔塔脚内积水

4.5　杆　塔　拉　线

4.5.1　杆塔拉线损伤

杆塔拉线损伤如图4-95～图4-99所示。

（a）

（b）

图4-95　拉线被盗

图4-96　拉线、楔型UT形耐张线夹被盗

图4-97　拉棒被锯断

图4-98　拉线被锯断

图4-99　拉线断股

4.5.2　杆塔拉线腐蚀、锈蚀 ||||||||||||||||||||||||||||||||

杆塔拉线腐蚀、锈蚀如图4-100～图4-105所示。

图4-100　楔型UT形耐张线夹U形螺丝锌层腐蚀

图4-101　拉线锈蚀，楔型UT形耐张线夹U形螺丝防盗螺帽锈蚀

图4-102　楔型UT形耐张线夹U形螺丝及螺母锈蚀

图4-103　楔型UT形耐张线夹U形螺丝锈蚀

图4-104　可调式拉棒锈蚀

图4-105　双拉线联板、螺栓、U形挂环及拉棒锈蚀

4.5.3　杆塔拉线其他表象

杆塔拉线其他表象如图4-106～图4-111所示。

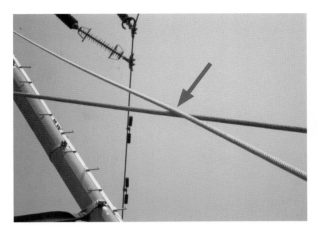

图4-106　拉线交叉点摩擦

图4-107　拉线系统安装不规范

图4-108　双拉线系统两个楔型UT形耐张线夹被树木
卡死无法调整

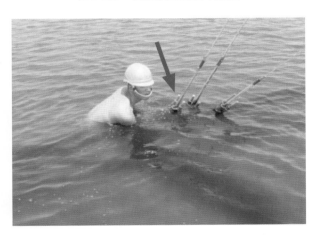

图4-109　拉棒及楔型UT形耐张线夹浸水

图4-110　拉线、楔型UT形耐张线夹及拉棒被土填埋

图4-111　拉线缠绕藤蔓

4.6　钢管杆、混凝土杆杆身

4.6.1　杆身损伤

杆身损伤如图4-112～图4-117所示。

图4-112　钢筋混凝土杆有横向裂纹

图4-113　钢筋混凝土杆有纵向裂纹

图4-114　钢筋混凝土杆钢板圈上端鼓包且出现多条
纵向裂纹

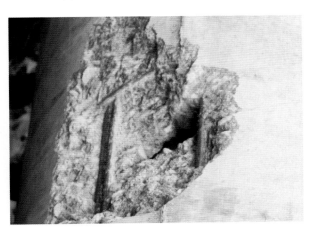

图4-115　钢筋混凝土杆破损且钢筋外露

图4-116　钢筋混凝土杆顶地线支架处破损

图4-117　钢筋混凝土杆合模缝破损

4.6.2 杆身、钢板圈锈蚀 ||||||||||||||||||||||||||||||||||||

杆身、钢板圈锈蚀如图4-118~图4-120所示。

（a）

（b）

图4-118 拔梢型钢管杆杆身锈蚀

图4-119 钢管杆杆身锈蚀

（a）

（b）

（c）

图4-120 门型钢筋混凝土杆钢板圈锈蚀

第 5 章

基　础

5.1　基础知识及相关条文

5.1.1　基础知识

1. 定义

基础本体：是埋设在地下的一种结构，与杆塔底部联接，稳定承受所作用的荷载，主要作用是稳定杆塔，防止杆塔因承受导线、风、冰、断线张力等垂直荷载、水平荷载和其他外力的作用而产生的上拔、下压或倾覆。

（1）岩石基础：通过水泥砂浆或细石混凝土在岩孔内的胶结使锚筋与岩体结成整体的岩石锚杆基础；利用机械（或人工）在岩石地基中直接钻（挖）成所需要的基坑，将钢筋骨架和混凝土直接浇注于岩石基坑内而成的岩石嵌固基础。

（2）桩基础：由基桩或基桩和连接于桩顶端的承台组成的基础。

（3）复合式沉井基础：上部为混凝土承台，下部是薄壁钢筋混凝土沉井联合组成的基础。

（4）装配式基础：用两个或两个以上预制构件拼装组合而成的基础。

（5）螺旋锚基础：由锚杆、锚盘和锚头共同组成螺旋锚，螺旋锚基础可分为单锚基础和群锚基础。

基础土体：原状土和回填土，承受基础的垂直荷载和水平荷载，防止基础上拔、下陷或倾覆。

基础基面：基础土体的表面。

基础边坡：在基础及其周边，由于开挖或填筑施工所形成的人工边坡和自然存在的自然斜坡。

2. 基础常见异常表象

（1）基础本体：本体移位；立柱破损；

（2）地脚螺栓：部件缺失、松动；锈蚀；

（3）基础基面：浸水；土体流失；下沉；

（4）基础边坡：保护距离不足；土体流失；失稳。

3. 其他相关知识

（1）基础型式的选择，应综合考虑沿线地质、施工条件和杆塔型式等因素，并应符合下列要求：

1）有条件时，应优先采用原状土基础；一般情况下，铁塔可以选用现浇钢筋混凝土基础或混凝土基础；岩石地区可采用锚筋基础或岩石嵌固基础；软土地基可采用大板基础、桩基础或沉井等基础；运输或浇筑混凝土有困难的地区，可采用预制装配式基础或金属基础；电杆及拉线宜采用预制装配式基础。

2）山区线路应采用全方位长短腿铁塔和不等高基础配合使用的方案。

（2）山区的基础，应评估地形和地质条件，考虑修建排水沟和挡土墙，对可能产生地质滑坡的区域应采取相应保护措施。对水土流失严重的塔位，应采取植被恢复、保护基面及边坡的措施。

（3）基础采用的混凝土强度等级不应低于C20级。

（4）刚性基础、板式基础、桩基础的承台、连梁及桩基础的桩身和掏挖基础以外的其他基础应在混凝土龄期达到检测方法的要求、隐蔽工程验收之前按要求进行抽检。

5.1.2　相关规程、规范条文 ||||||||||||||||||||||||||||||||

《架空输电线路运行规程》DL/T 741—2010

`5.1.1` 基础表面水泥不应脱落，钢筋不应外露，装配式、插入式基础不应出现锈蚀，基础周围保护土层不应流失、塌陷；基础边坡保护距离应满足DL/T 5092的要求。

《开发建设项目水土保持技术规范》GB 50433—2008

`8.1.1` 对开发建设项目因开挖、回填、弃土（石、砂、渣）形成的坡面，应根据地形、地质、水文条件、施工方式等因素，采取挡墙、削坡、开级、工程护坡、植物护坡、坡面固定、滑坡防治等边坡防护措施。

`8.1.2` 对开挖、削坡、取土（石）形成的土（沙）质坡面或风化严重的岩石坡面，在降水渗流的渗透、地表径流及沟道洪水的冲刷作用下容易发生湿陷、坍塌、滑坡、岩石风化等边坡失稳现象的，应采取挡墙工程，保证边坡的稳定。

`8.1.3` 对易风化岩石或泥质岩层坡面，采用削坡卸荷稳定边坡工程之后，应采取锚喷工程支护，固定坡面。

`8.1.4` 对易发生滑坡的坡面，应根据滑坡体的岩层构造、底层岩性、塑性滑动层、地表地下水分布状况，以及人为开挖情况等造成滑坡的主导因素，采取削坡反压、拦排地表水、排除地下水、滑坡体上造林、抗滑桩、抗滑墙等滑坡治理工程。

`8.1.5` 对经防护达到安全稳定要求的边坡，宜恢复植被。

`8.2.1` 水土保持工程的挡墙型式可分为浆砌石挡墙、混凝土挡墙、钢筋混凝土挡墙和钢筋（铅丝）笼挡墙等。应根据坡面的高度、底层岩性、地质构造、水文条件、施工条件、筑墙材料等条件，综合分析确定挡墙型式。墙型选择、断面设计、稳定性分析、基础处理等可按照本规范挡渣墙工程的规定执行。

`8.2.2` 对高度大于4m、坡度陡于1.0∶1.5的边坡，宜采取削坡开级工程。

`8.2.3` 对堆置物或山体不稳定处形成的高陡边坡，或坡脚遭受水流淘刷的，应采取工程护坡措施。

`8.2.4` 对边坡缓于1.0∶1.5的土质或沙质坡面，可采取植物护坡工程。

8.2.5 对条件较复杂的不稳定边坡，应采取综合护坡工程。

8.2.6 对易风化岩石或泥质岩层坡面，采用稳定边坡措施后，应采取锚喷工程支护，控制岩石变形，将松动岩块胶结，防止岩石风化，堵塞渗水通道，填补缺陷和平整表面。

8.2.7 对滑坡地段应采取滑坡治理工程。

《架空输电线路状态检修导则》DL/T 1248—2013

表B.1   线路单元状态量检修策略

线路单元	状态量	状态量具体描述	检修策略	
			检修方法	检修时限
基础	基础保护帽及基础护面损坏	杆塔或基础变形导致保护帽或护面破损、裂缝	D.1	立即开展
			D.3	
		回填土下沉导致护面破损、裂缝	D.3	尽快开展
		外力破坏导致保护帽或护面破损、裂缝	D.3	适时开展
	杆塔基础表面损坏基础护坡及防洪设施损坏	阶梯式基础阶梯间出现裂缝	D.3	立即开展
		杆塔基础有钢筋外露	D.3	尽快开展
		基础混凝土表面有较大面积水泥脱落、蜂窝、露石或麻面	D.3	适时开展
		基础护坡及防洪设施损毁，造成严重水土流失，危及杆塔安全运行；处于防洪区域内的杆塔未采取防洪措施；基础不均匀沉降或上拔	D.2	立即开展
			D.3	
		基础护坡及防洪设施损坏，造成大量水土流失	D.2	尽快开展
		基础护坡及防洪设施破损，造成少量水土流失	D.2	适时开展
	杆塔基础保护范围内基础表面取土	混凝土杆基础被取土30cm以上；杆塔基础被取土60cm以上	D.2	立即开展
		混凝土杆基础被取土20cm～30cm；杆塔基础被取土30cm～60cm	D.2	尽快开展
	防碰撞设施	防碰撞设施缺失或损坏，失去防碰撞作用	D.2	尽快开展
		防碰撞设施损坏，尚能发挥防碰撞作用	D.2	适时开展
		防碰撞设施警告标志不清晰或缺失	D.2	尽快开展
	基础立柱淹没	杆塔基础位于水田中的立柱低于最高水面	D.2	尽快开展
		位于河滩和内涝积水中的基础立柱露出地面高度低于5年一遇洪水位高程	D.2	适时开展
	拉线基础埋深	拉线基础埋深低于设计值60cm以上	D.2	立即开展
		拉线基础埋深低于设计值40cm～60cm	D.2	尽快开展
		拉线基础埋深低于设计值20cm～40cm	D.2	适时开展
	拉线基础外力破坏	被围于围墙内、位于道路上	D.11	适时开展

5.2　基　　础

5.2.1　基础本体移位 ||||||||||||||||||||||||||||||||

基础本体移位如图5-1~图5-3所示。

（a）

（b）

（c）

图5-1　基础本体上拔

（a）

（b）

图5-2　基础本体滑移

图5-3　基础本体倾覆

5.2.2 基础立柱破损

基础立柱破损如图5-4~图5-6所示。

（a）

（b）

（c）

图5-4 基础立柱混凝土保护层破损，箍筋外露

图5-5 基础立柱混凝土保护层破损鼓包，箍筋外露

（a）

（b）

图5-6 基础立柱混凝土保护层破损，主筋、箍筋外露

5.2.3　基础本体其他表象

基础本体其他表象如图5-7~图5-12所示。

图5-7　基础立柱混凝土保护层不平整

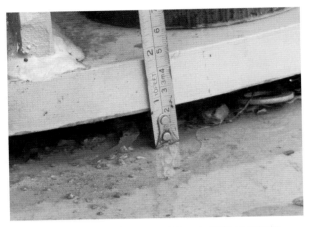

图5-8　基础立柱顶面不平整，与塔脚板有间隙

图5-9　基础立柱缺爬梯

图5-10　基础立柱堆放竹竿

图5-11　基础立柱被土掩埋

图5-12　基础立柱混凝土保护层硬度不足

5.3　地　脚　螺　栓

5.3.1 地脚螺栓部件缺失、松动 ||||||||||||||||||||||||||||||||||

地脚螺栓部件缺失、松动如图5-13~图5-17所示。

（a）

（b）

图5-13 地脚螺栓未紧固

图5-14 地脚螺栓缺螺母

图5-15 地脚螺栓缺螺母、平垫圈

图5-16 地脚螺栓缺螺母

图5-17 地脚螺栓缺平垫圈

5.3.2　地脚螺栓部件锈蚀

地脚螺栓部件锈蚀如图5-18和图5-19所示。

（a）　　　　　　　　　　　　　　　　　　（b）

（c）　　　　　　　　　　　　　　　　　　（d）

图5-18　地脚螺栓锈蚀

（a）　　　　　　　　　　　　　　　　　　（b）

图5-19　地脚螺栓螺帽锈蚀

5.4　基　础　基　面

5.4.1 基础基面浸水

基础基面浸水如图5-20所示。

（a）　　　　　　　　　　　　　（b）

（c）　　　　　　　　　　　　　（d）

（e）　　　　　　　　　　　　　（f）

图5-20　基面浸水

5.4.2 基础基面土体流失

基础基面土体流失如图5-21所示。

（a）

（b）

（c）

（d）

（e）

（f）

图5-21 基面土体流失

5.4.3 基础基面下沉

基础基面下沉如图5-22和图5-23所示。

（a）　　　　　　　　　　　　　　　　（b）

（c）　　　　　　　　　（d）　　　　　　　　　（e）

图5-22　基面下沉

图5-23　基面下陷

5.4.4 基础基面其他表象

基础基面其他表象如图5-24~图5-27所示。

图5-24 基面土体被挖

图5-25 拉线基础基面土体被挖

（a）

（b）

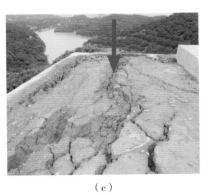

（c）

图5-26 基础基面回填土未夯实

图5-27 基础基面被填高

5.5 基 础 边 坡

5.5.1 基础边坡保护距离不足 ||||||||||||||||||||||||||||||||||||

基础边坡保护距离不足如图5-28所示。

（a）

（b）

（c）

（d）

（e）

（f）

图5-28 基础边坡保护距离不足

5.5.2　基础边坡土体流失

基础边坡土体流失如图5-29所示。

（a）

（b）

（c）

（d）

（e）

（f）

图5-29　基础边坡土体流失

5.5.3 基础边坡失稳

基础边坡失稳如图5-30~图5-33所示。

（a）

（b）

（c）

图5-30　基础边坡坍塌失稳

图5-31　基础边坡被取土失稳

图5-32　基础旁山体斜坡失稳、巨石坍塌

图5-33　边坡坍塌失稳

第 6 章

防雷设施与接地装置

6.1　基础知识及相关条文

6.1.1　基础知识

1. 定义

接地：在系统、装置或设备的给定点与局部地之间做电连接。

雷电保护接地：为雷电保护装置（避雷针、避雷线和避雷器等）向大地泄放雷电流而设的接地。

接地极：埋入土壤或特定导电介质（如混凝土或焦炭）中与大地有电接触的可导电部分。

接地系统：系统、装置或设备的接地所包含的所有电气连接和器件。

接地装置：接地导体（线）和接地极的总和。

接地网：接地系统的组成部分，仅包括接地极及其相互连接部分。

集中接地装置：为加强对雷电流的散流作用、降低对地电位而敷设的附加接地装置，敷设3~5根垂直接地极。在土壤电阻率较高地区，则敷设3~5根放射形水平接地极。

交流输电线路用复合外套金属氧化物避雷器：并联连接在线路绝缘子的两端，用于限制线路上的雷电过电压的复合外套金属氧化物避雷器，简称线路避雷器。

线路避雷器本体：由金属氧化物电阻片和相应的零部件及复合外套组成，与外串联间隙一起构成整只带间隙避雷器，是带间隙避雷器的一部分，简称避雷器本体。

外串联间隙：是带间隙避雷器的一部分，与避雷器本体串联组成整只带间隙避雷器，简称间隙。间隙分为带支撑件间隙和不带支撑件间隙。

带支撑件间隙：由两个分别固定在复合绝缘支撑件两端的电极组成。

不带支撑件间隙：也称为空气间隙，由两个电极组成，一个电极固定在避雷器本体高压端，另一个电极固定在输电线路导线上或绝缘子串下端。

复合绝缘支撑件：用于固定外串联间隙电极，其材料为复合材料，是带支撑件间隙避雷器外串联间隙的一部分，简称支撑件。

监测装置：避雷器用监测器和避雷器用放电计数器的总称。

复合接地体：一种由导电非金属材料❶、电解质材料、化合填充物组成的，能明显降低工频接地电阻和抵抗土壤中水分、盐、酸、碱等因素侵蚀的新型接地体。

防雷设施与接地装置：线路避雷器及其监测器、地线引流线、接地引下线，接地体等。

---

❶ 非金属材料指以非金属材料为主的材料，而不管其表面是否有铜、镍等合金；金属材料外附导电的非金属材料也视为非金属材料。

2. 防雷设施与接地装置常见异常表象

（1）线路避雷器及其监测器：避雷器本体解体，部件脱落、损伤，锈蚀等；
（2）地线引流线：断股、断开、脱落、安装不规范等；
（3）接地引下线：破损、断开、电弧烧伤、锈蚀、缺失等；
（4）接地体：地网锈蚀、外露、断开，复合接地体破损等。

3. 其他相关知识

（1）地线引流线与地线、杆塔的连接应接触良好，顺畅美观。
（2）架空线路杆塔的每一腿都应与接地体线连接；接地体的规格、埋深不应小于设计规定。接地体间应连接可靠；应采用焊接或液压方式连接。当采用搭接焊接时，圆钢的搭接长度不应少于其直径的6倍并应双面施焊；扁钢的搭接长度不应少于其宽度的2倍并应四面施焊。当采用液压连接时，接续管的壁厚不得小于3mm；对接长度应为圆钢直径的20倍，搭接长度应为圆钢直径的10倍。接续管的型号与规格应与所连接的圆钢相匹配。
（3）接地体的连接部位应采取防腐措施，防腐范围不应少于连接部位两端各100mm。
（4）接地引下线与杆塔的连接应接触良好、顺畅美观，并便于运行测量和检修。若引下线直接从地线引下时，引下线应紧靠杆（塔）身，间隔固定距离应满足设计要求。
（5）混凝土电杆宜通过架空避雷线直接引下，也可通过金属爬梯接地。当接地线直接从架空避雷线引下时，引下线应紧靠杆身，并每隔一定距离与杆身固定一次，以保证电气通路顺畅。
（6）接地电阻的测量可采用接地装置专用测量仪表。所测得的接地电阻值不应大于设计工频接地电阻值。
（7）有地线的杆塔应接地。在雷季干燥时，每基杆塔不连地线的工频接地电阻，不宜大于表6.1.1规定的数值。土壤电阻率较低的地区，当杆塔的自然接地电阻不大于表6.1.1所列数值时，可不装设人工接地体。

表6.1.1   有地线的线路杆塔不连地线的工频接地电阻

土壤电阻率（Ω·m）	≤100	100~500	500~1000	1000~2000	>2000
工频接地电阻（Ω）	10	15	20	100	30

注   如土壤电阻率超过2000Ω·m，接地电阻很难降到30Ω时，可采用6~8根总长不超过500m的放射形接地体或连续伸长接地体，其接地电阻不受限制。

6.1.2 相关规程、规范条文 ||||||||||||||||||||||||||||||||||

《架空输电线路运行规程》DL/T 741—2010

5.5.1 检测到的工频接地电阻值（已按季节系数换算）不应大于设计规定值（见表4）。

表4 水平接地体的季节系数

接地射线埋深m	季节系数
0.5	1.4 ~ 1.8
0.8 ~ 1.0	1.25 ~ 1.45

注 检测接地装置工频接地电阻时，如土壤较干燥，季节系数取较小值；土壤较潮湿时，季节系数取较大值。

5.5.2 多根接地引下线接地电阻值不应出现明显差别。

5.5.3 接地引下线不应断开或与接地体接触不良。

5.5.4 接地装置不应出现外露或腐蚀严重，被腐蚀后其导体截面不应低于原值的80%。

7.4 检测项目与周期规定见表7。

表7 检测项目与周期

项目		周期（年）	备注
防雷设施及接地装置	杆塔接地电阻测量	5	根据运行情况可调整时间，每次雷击故障后的杆塔应进行测试
	线路避雷器检测	5	根据运行情况或设备的要求可调整时间
	地线间隙检查	必要时	根据巡视发现的问题进行
	防雷间隙检查	1	

《接地装置施工及验收规范》GB 50169—2006

3.7 输电线路杆塔的接地

3.7.1 在土壤电阻率 $\rho \leq 100\Omega \cdot m$ 的潮湿地区，可利用铁塔和钢筋混凝土杆的自然接地，接地电阻低于 10Ω。发电厂、变电站进线段应另设雷电保护接地装置。在居民区，当自然接地电阻符合要求时，可不另设人工接地装置。

3.7.2 在土壤电阻率 $100\Omega \cdot m < \rho \leq 500\Omega \cdot m$ 的地区，除利用铁塔和钢筋混凝土杆的自然接地，还应增设人工接地装置，接地极埋设深度不宜小于0.6m，接地电阻低于 15Ω。

3.7.3 在土壤电阻率 $500\Omega \cdot m < \rho \leq 2000\Omega \cdot m$ 的地区，可采用水平敷设的接地装置，接地埋设深度不宜小于0.5m。$500\Omega \cdot m < \rho \leq 1000\Omega \cdot m$ 的地区，接地电阻不超过 20Ω。$1000\Omega \cdot m < \rho \leq 2000\Omega \cdot m$ 的地区，接地电阻不超过 25Ω。

3.7.4 在土壤电阻率 $\rho > 2000\Omega \cdot m$ 的地区，接地极埋设深度不宜小于0.3m，接地电阻不超过 30Ω；若接地电阻很难降到 30Ω 时，可采用6~8根总长度不超过500m的放射形接地极或连续伸长接地极。

3.7.5 放射形接地极可采用长短结合的方式，每根的最大长度应符合表3.7.5的要求：

表3.7.5 放射形接地极每根的最大长度

土壤电阻率（Ω·m）	≤500	≤1000	≤2000	≤5000
最大长度	40	60	80	100

3.7.6 在高土壤电阻率地区采用放射形接地装置时，当在杆塔基础的放射形接地极每根长度的1.5倍范围内有土壤电阻率较低的地带时，可部分采用外引接地或其他措施。

3.7.7 居民区和水田中的接地装置，宜围绕杆塔基础敷设成闭合环形。

3.7.8 对于室外山区等特殊地形，不能按设计图形敷设接地体时，应根据施工实际情况在施工记录上绘制接地装置敷设简图，并标明相对位置和尺寸，作为竣工资料移交。原设计为方形等封闭环形时，应按设计施工，以便于检修维护。

3.7.9 在山坡等倾斜地形敷设水平接地体时宜沿等高线开挖，接地沟底面应平整，沟深不得有负误差，并应清除影响接地体与土壤接触的杂物，以防止接地体受雨水冲刷外露，腐蚀生锈；水平接地体敷设应平直，以保证同土壤更好接触。

3.7.10 接地线与杆塔的连接应接触良好可靠，并应便于打开测量接地电阻。

3.7.11 架空线路杆塔的每一腿都应与接地体引下线连接，通过多点接地以保证可靠性。

3.7.12 混凝土电杆宜通过架空避雷线直接引下，也可通过金属爬梯接地。当接地线直接从架空避雷线引下时，引下线应紧靠杆身，并每隔一定距离与杆身固定一次，以保证电气通路顺畅。

《交流输电线路用复合外套金属氧化物避雷器》DL/T 815—2012

4.2 避雷器分类

线路避雷器按结构分为无间隙和带串联间隙两种；按标称放电电流分为5kA、10kA、20kA三种。

7.18 复合外套及支撑件表面缺陷

复合外套表面单个缺陷面积（如缺胶、杂质、凸起等）不应超过5mm²，深度不大于1mm，凸起表面与合缝应清理平整，凸起高度不应超过0.8mm，粘结缝凸起高度不应超过1.2mm，总缺陷面积不应超过复合外套总表面积的0.2%。

7.21 间隙距离检查

制造厂应明确宣称带间隙避雷器的间隙尺寸及其公差范围。

出厂时，应检查每只带间隙避雷器的串联间隙的距离尺寸，以保证带间隙避雷器放电特性。

对于需要现场安装后才能确定的间隙尺寸，应明确安装要求，并确保间隙尺寸在所宣称的范围之内。

11. 运行维护

为了掌握和了解线路避雷器在运行使用中的工作状况，需要进行巡线查看或进行必要检测。

11.1 带间隙避雷器

由于带间隙避雷器的间隙隔离了避雷器电阻片，使之不承受长期工作电压的作用，避雷器电阻片的老化非常轻。所以，带间隙避雷器只需要定期巡线（每年至少一次，雷雨季节之前），目测避雷器的外观是否有损坏，并记录计数器动作数据。

11.2 无间隙线路避雷器

无间隙线路避雷器的运行工况与变电站用避雷器相似，承受长期工作电压的作用，有老化问题。所以，无间隙线路避雷器需要做定期检测，检测方法和周期可参照变电站用无间隙避雷器。

对于带脱离器的无间隙线路避雷器可采用抽查方式。

《金属氧化物避雷器用监测装置》JB/T 10492—2011

3.1 监测器

监测器是用来显示避雷器的持续电流并记录避雷器动作（放电）次数的一种装置。交流系统使用的监测器电流显示用有效值标定，直流系统使用的监测器电流显示用平均值标定。

3.2 放电计数器

记录避雷器动作（放电）次数的一种装置。

3.3 监测装置

避雷器用监测器和避雷器用放电计数器的总称。

4.1 监测装置标志

监测装置应包含下述永久地标志在其表盘或铭牌上的资料：

——监测装置名称、型号；

——标称动作电流；

——方波冲击电流；

——制造单位或商标；

——产品编号；

——制造年、月。

4.2 监测装置分类

监测装置按其标称动作电流分类，分为5kA、10kA、20kA三个等级。

6.1 外观要求

监测装置的外观、表盘、铭牌及其附件应无缺损，外露金属件应有防腐蚀措施，观察者在距监测装置2.5m处应能准确读出监测装置显示的数据。

6.4 密封性能

监测装置应有可靠的密封。在监测装置寿命期间内，不应因密封不良而影响监测装置的运行性能。

《复合接地体技术条件》GB/T 21698—2008

4.2 结构说明

复合接地体一般分为接地棒和接地模块两类。

（1）接地棒一般由棒体和内填充电解质材料（化合填充物）构成，棒体上有渗透孔；

（2）接地模块一般用导电性良好的非金属复合材料，内置合金材料骨架，通过专用设备挤压成型。

5.1 一般要求

接地体应符合本标准规定，并按规定程序批准的图样和工艺文件进行制造，尺寸应满足相应图样尺寸要求。接地体表面应连续光滑，无明显凸凹不平及划痕。

《接地降阻材料技术条件》DL/T 380—2010

3.1 接地降阻材料

可以用来降低接地装置的接地电阻，敷设（浇筑）在接地装置中的接地体周围的工程材料。

4.1.1 按产品的供货种类分类

（1）降阻剂：生产商提供的，由施工人员在现场按要求将其敷设到接地体周围，可以降低接地电阻的材料，包括导电水泥。

（2）复合接地单元：供货商提供的由低电阻材料预制成固定形状的接地单元，由施工人员按设计要求埋设并相互连接，包括离子接地体和降阻接地模块。

4.1.2 按产品的化学性质和使用时的形态分类

（1）无机固体降阻材料：由无机物组成，使用时呈不可塑状固体或柔性可塑固体。

（2）有机液体降阻材料：含有有机添加物质，使用时为液体状态。

《架空输电线路状态检修导则》DL/T 1248—2013

表B.1　　　　　　　　　　　　　　　　　线路单元状态量检修策略

线路单元	状态量	状态量具体描述	检修策略	
			检修方法	检修时限
附属设施	接地引下线	所有接地引下线断开	D.9	尽快开展
		部分接地引下线与杆塔断开；所有引下线截面积不足	D.9	适时开展
		部分引下线截面积不足	D.9	适时开展
	接地电阻值	所有塔腿电阻值大于规定值	D.9	尽快开展
		部分塔腿电阻值大于规定值	D.9	适时开展
	接地体锈蚀、损伤	直径小于60%设计值	D.9	适时开展
		直径为60%~80%设计值	D.9	适时开展
		直径为80%~90%设计值	D.9	基准周期开展
	接地射线及环网长度	接地射线或环网长度不足	D.9	适时开展

《带电设备红外诊断应用规范》DL/T 664—2008

表B.1　　　　　　　　　　　　　　　　　电压致热型设备缺陷诊断判据

设备类别		热像特征	故障特征	温差K	处理建议	备注
氧化锌避雷器	10kV~60kV	正常为整体轻微发热，较热点一般在靠近上部且整体不均匀，多节组合从上到下各节温度递减，引起整体发热或局部发热为异常	阀片受潮或老化	0.5~1	进行直流和交流试验	合成套比瓷套温差更小，如附录J的图J.18~图J.20所示

6.2　线路避雷器及其监测器

6.2.1　线路避雷器及其监测器脱落、损伤 ||||||||||||||||||||||||||||||||||||

线路避雷器及其监测器脱落、损伤如图6-1～图6-11所示。

图6-1　线路避雷器及其监测器炸开脱落

图6-2　线路避雷器导线端电极脱落

图6-3　线路避雷器脱落

（a）

（b）

图6-4　线路避雷器复合绝缘支持件脱落

图6-5　线路避雷器导线端电极脱落、监测器脱落

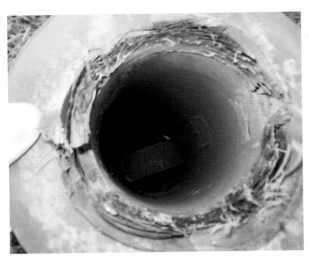

图6-6　线路避雷器本体炸开解体

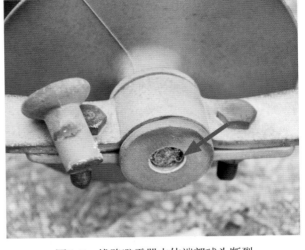

图6-7　线路避雷器本体端部球头断裂

图6-8　线路避雷器本体伞裙破损

图6-9　线路避雷器计数器损坏

图6-10　线路避雷器端部金具损坏

图6-11　线路避雷器计数器引线断开

6.2.2　线路避雷器及其检测器其他表象

线路避雷器及其检测器其他表象如图6-12～图6-16所示。

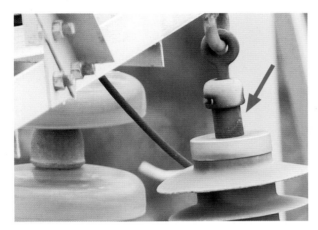

图6-12　线路避雷器碗头端部金具锈蚀

图6-13　线路避雷器端部密封金具锈蚀

图6-14　线路避雷器监测器引线捆扎不牢靠

图6-15　线路避雷器监测器外壳老化

（a）

（b）

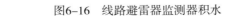

图6-16　线路避雷器监测器积水

6.3　地　线　引　流　线

6.3.1　地线引流线损伤

地线引流线损伤如图6-17～图6-19所示。

图6-17　地线引流线断股

（a）

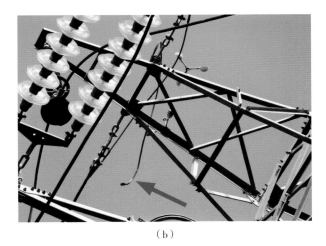

（b）

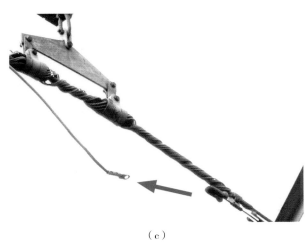

（c）

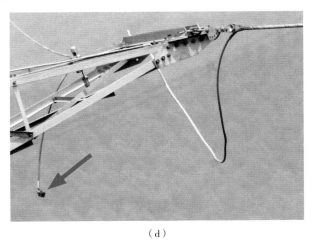

（d）

图6-18　地线引流线地线端脱落

图6-19　地线引流线掉落

6.3.2　地线引流线其他表象

地线引流线其他表象如图6-20～图6-23所示。

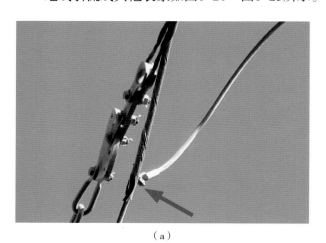

（a）

（b）

图6-20　地线（OPGW）引流线引流铝板未绞入预绞丝

（a）

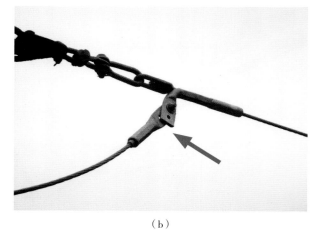

（b）

图6-21　地线引流线液压型跳线线夹缺螺栓

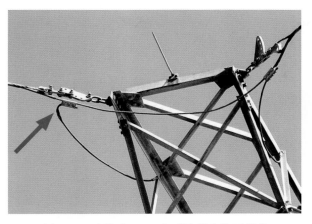

图6-22　地线（OPGW）引流线安装不规范

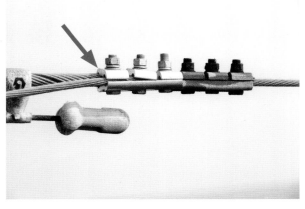

图6-23　地线引流线地线端并沟线夹安装不规范

6.4　接　地　引　下　线

6.4.1 接地引下线损伤

接地引下线损伤如图6-24～图6-26所示。

图6-24 接地引下线连板裂开

（a）

（b）

（c）

图6-25 接地引下线断开

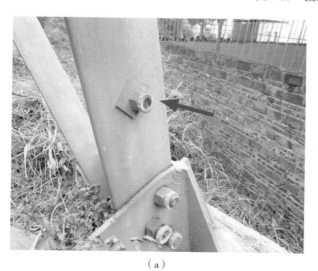

（a）

（b）

图6-26 接地引下线连板断裂

6.4.2 接地引下线其他表象

接地引下线其他表象如图6-27~图6-39所示。

（a）

（b）

图6-27 接地引下线连板电弧烧伤

（a）

（b）

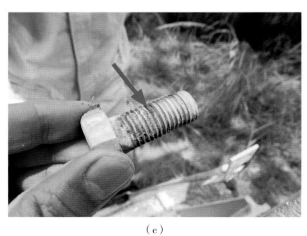

（c）

（d）

图6-28 接地引下线连板螺栓电弧烧伤

图6-29 接地引下线及连板锈蚀

图6-30 接地引下线锈蚀

图6-31 接地引下线液压接续管锈蚀

图6-32 接地引下线太短

图6-33 接地引下线连板螺栓被防盗螺母锁死

图6-34 接地引下线安装位置错误且被地脚螺栓保护帽
封住

（a）

（b）

图6-35　接地引下线被地脚螺栓保护帽封住

图6-36　接地引下线焊口在地面上

图6-37　接地引下线焊口在地面上且焊接不规范

图6-38　接地引下线被混凝土路面封住

图6-39　接地引下线设置错误

6.5　接　地　体

6.5.1 接地体损伤 ||||||||||||||||||||||||||||||||||||||||||||

接地体损伤如图6-40～图6-43所示。

（a）

（b）

（c）

图6-40　地网被挖断

图6-41　地网外露锈断

图6-42　地网、复合接地体外露，复合接地体有裂纹

图6-43　复合接地体外露、接地引线被挖断

6.5.2　接地体其他表象

接地体其他表象如图6-44～图6-47所示。

（a）

（b）

图6-44　地网外露

（a）

（b）

图6-45　地网外露、锈蚀

图6-46　地网埋深不足

图6-47　复合接地体外露

第 7 章
防 护 设 施

7.1 基础知识及相关条文

7.1.1 基础知识

1. 定义

防护设施：为保护输电线路设备不遭受外力破坏（包括人为和自然）所设置的设施，防护对象主要为杆塔与拉线基础、杆塔、导线与地线。

基础防护设施：人工设置的防止杆塔基础及拉线基础在外力作用下（如基面土体流失、基础边坡坍滑）产生上拔、下压或倾覆的工程设施。一般分为挡土墙、护堤、护坡、混凝土基面、排（导）水沟。

挡土墙：输电专业一般指的是保持基础表面及周围土体稳定而设置的重力式砌石挡墙。

护堤：指在江、海、湖、海沿岸或水库区、分蓄洪区周边修建的土堤或防洪墙等堤防工程。堤防工程按建筑材料可分为：土堤、石堤、土石混合堤和混凝土防洪墙等。

护坡：为保证边坡稳定及其环境安全，对边坡采取的结构性支挡、加固与防护的设施。

（1）锚杆（索）：将拉力传至稳定岩土层的构件（或系统）。当采用钢绞线或高强钢丝束并施加一定的预拉应力时，称为锚索。

（2）土层锚杆：锚固于土层中的锚杆。

（3）岩石锚杆：锚固于稳定岩层内的锚杆。

（4）系统锚杆：为保证边坡整体稳定，在坡体上按照一定方式设置的锚杆群。

（5）锚杆挡墙：由锚杆（索）、立柱和面板组成的支护结构。

（6）锚喷支护：由锚杆和喷射混凝土面板组成的支护结构。

（7）重力式挡墙：依靠自身重力使边坡保持稳定的支护结构。

（8）扶壁式挡墙：由立板、底板、扶壁和墙后填土组成的支护结构。

（9）桩板式挡墙：由抗滑桩和桩间挡板等构件组成的支护结构。

混凝土基面：为防止基础周围土体受水冲刷流失或土体长期积水液化失稳而在土体表面浇筑混凝土的防护设施。

排（导）水沟：为防止基础周围土体受水冲刷和浸泡而人工开挖的排水、导水沟道及人工修筑的混凝土或砌石沟道。

线路防护设施：杆（塔）号标志、回路标志、相位（极性）标志、警告标志、线路保护区标识、拦江线（航道船舶限高）、公路高度限标、航空障碍标志灯、河道航标灯等。

防鸟害装置：包括驱赶鸟类不接近输电线路设备的装置（风动型反光式驱鸟器等）、阻止鸟类在可能危及输电线路安全运行的构件筑巢或站立的装置（钢绞线驱鸟刺等）和引导鸟类在输电线路设备不影响输电线路安全运行的构件筑巢的装置（人工鸟篮等）。

航空障碍标志灯：航空障碍灯又称助航灯光设备，是标识障碍物的特种灯具，隶属于助航灯光设备行业，航空障碍灯是其座下的灯种范围。为了与一般用途的照明灯有所区别，航空障碍灯不是常亮着而是闪亮，低光强航空障碍灯为常亮，中光强航空障碍灯与高光强航空障碍灯为闪光，闪光频率不低于每分钟20次，不高于每分钟70次。航空障碍灯的作用就是显示出构筑物的轮廓，使飞行器操作员能判断障碍物的高度与轮廓，起到警示作用。

防撞设施：防撞桩、防撞墙（墩）等防止移动机械设备撞击基础或杆塔的设施。

防护设施的分类：

（1）基础防护设施：主要有地脚螺栓保护帽、混凝土护面、护坡、排水沟等；

（2）线路防护设施：主要有标识牌、防鸟害设施等；

（3）登塔设施与防坠装置：脚钉、爬梯、走道、平台、护栏、工作扣环、防坠滑轨等。

2. 防护设施常见异常表象

（1）基础防护设施。

1）地脚螺栓保护帽：裂纹、破损、保护层厚度不足、质量不合格、设计不合理等；

2）混凝土护面：裂开、破损、护面质量不合格、设计不合理等；

3）护坡：裂纹、坍塌、缺排水孔、护坡基部边坡坍塌、质量不合格、设计不合理等；

4）排水沟：破损、堵塞、质量不合格、设计不合理等；

5）其他基础防护设施：围堰裂开、坍塌；岸墙变形失稳、坍塌；防护围栏坍塌、防撞墩（桩）损坏等。

（2）线路防护设施。

1）标识牌：缺失、褪色、锈蚀、安装错误等；

2）防鸟害设施：缺失、损坏、失效、锈蚀等；

3）其他线路防护设施：高塔航空标示损坏、防鸟粪闪络绝缘护套破损，线路色标漆褪色等。

（3）登塔设施与防坠装置。

1）登塔设施：基础立柱缺攀爬设施；脚钉缺失；爬梯缺失、损伤；走道损伤等；

2）防坠装置：主材工作扣环损坏（裂开，变形）；护栏缺失、变形；防坠装置损坏（变形、部件缺失、锈蚀）等。

3. 其他相关知识

（1）高杆塔宜采用高空作业工作人员的防坠安全保护措施。做好相邻输电线路产生的电磁感应电压的安全措施。

（2）总高度在80m以下的杆塔，登高设施可选用脚钉。高于80m的杆塔，宜采用直爬梯或设置简易休息平台。

（3）县以上地方各级电力主管部门应采取以下措施，保护电力设施：

1）在必要的架空电力线路保护区的区界上，应设立标志牌，并标明保护区的宽度和保护规定；

2）在架空电力线路导线跨越重要公路和航道的区段，应设立标志牌，并标明导线距穿越物体之间的安全距离。

7.1.2　相关规程、规范条文 ||||||||||||||||||||||||||||||||||||

《架空输电线路运行规程》DL/T 741—2010

表5　　　　　　　　　　　　　　架空输电线路巡视检查主要内容表

巡视对象		检查线路本体和附属设施有无以下缺陷、变化或情况
附属设施	防鸟装置	固定式：破损、变形、螺栓松脱等；活动式：动作失灵、褪色、破损等；电子、光波、声响式：供电装置失效或功能失效、损坏等
	各种监测装置	缺失、损坏、功能失效等
	杆号、警告、防护、指示、相位等标识	缺失、损坏、字迹或颜色不清、严重锈蚀等
	航空警示器材	高塔警示灯、跨江线彩球等缺失、损坏、失灵
	防舞防冰装置	缺失、损坏等

《架空输电线路状态检修导则》DL/T 1248—2013

表B.1　　　　　　　　　　　　　　线路单元状态量检修策略

线路单元	状态量	状态量具体描述	检修策略	
			检修方法	检修时限
附属设施	在线监测装置缺损	在线监测装置安装不牢、缺损、无法正常工作	D.20	尽快开展
	防鸟设施损坏	防鸟装置未安装牢固、损坏、变形严重或缺失	D.10	尽快开展
	爬梯、护栏、导轨缺损	爬梯、护栏、导轨缺损	D.7	尽快开展
		爬梯、护栏、导轨变形、锈蚀	D.7	基准周期开展
	附属通信设施缺损	附属通信设施安装不牢、缺损	D.20	尽快开展

《架空输电线路检测技术导则》DL/T 1367—2014

5.7　杆塔附属设施及安全防护设施

5.7.1　杆塔附属设施检测

5.7.1.1　基本要求

a）杆塔附属设施应视为线路设备巡视内容，按线路巡视周期进行定期巡视和检测。

b）杆塔附属设施检测以地面检测为主，对杆塔塔头部分安装的防雷装置、防鸟装置、航空标识等设施地面不易观测时应定期进行登杆塔检测。

c）对新建路杆塔附属设施应按 GB 50233 相关要求进行检测。

d）对杆塔安装的航空指示灯或警示标识应定期进行检测和维护。

5.7.1.2　检测项目

主要有杆名、杆号牌、防护装置、标识牌、防舞装置、防鸟装置、监测装置、航空警示装置、光缆装置等。

5.7.1.3　检测方法

5.7.1.3.1　杆名、杆号、防护装置及各种标识牌检测

a）巡视人员地面直接（或利用望远镜）观测杆名、杆号及各种标识牌是否有丢失、破损、褪色、

字迹不清、松动、金属部件锈蚀等情况，并做好检测记录。

b）主要检测内容包括：线路名称及杆名、杆号、警示牌、相序牌、色标（标识牌）、脚钉、爬梯、防坠落装置、安全防护标识等。

c）判定标准：

1）运行线路的各类标识牌应齐全、规范、完好。

2）新建或改建线路投产时，线路标识包括线路双重名称、杆号、相序牌、警示牌、提示牌等应齐全完整；双回路或多回路并架线路应在杆塔上以鲜明的异色标识加以区别。

3）安全警示标识应简洁、清晰、醒目，装设紧固、牢靠并与带电设备保持足够的安全距离。

4）爬梯、防坠落装置应于杆塔连接牢固，构件不应有锈蚀、变形、开焊、缺件等缺陷。

`5.7.1.3.2` 防雷、防鸟、监测及航空警示装置检测

a）在日常巡线过程中，巡线人员应利用望远镜对线路杆塔上安装的各种防雷、防鸟、监测及航空警示装置进行检测，必要时应组织登杆塔检测。

b）检测内容主要包括：

1）防雷装置外观和铭牌无缺少和损坏，各部件连接牢固可靠，引流线的截面及放电间隙满足要求，没有烧伤痕迹。各部件不能松动、变形、倾斜、脱落和缺损，防雷装置本体及引下线无严重锈蚀现象。

2）固定式防鸟设施应连接牢靠，没有发生破损、变形等现象；活动式防鸟设施应动作灵敏，没有发生褪色、破损等现象；电子、光波、声响、次声波式的智能化防鸟设施灵敏度高、电池工况良好。

3）安装在杆塔上的监控装置各部件应连接牢固可靠，无破坏、变形、锈蚀、松动和放电烧伤痕迹等现象，端子线固定牢固可靠，无破损、脱落，设备箱内无积水。

4）安装在杆塔上的航空指示灯应安装牢固、运行正常，警示色标应清晰明显。

`5.7.1.3.3` 防舞装置检测

a）在日常巡线过程中，巡视人员应利用望远镜对线路上安装的各种防舞装置（相间间隔棒、线夹回转式间隔棒、双摆防舞器、失谐摆、防舞鞭等）进行观察，观察是否有滑移、破坏、脱落、变形等情况，观察舞动装置与导线连接处是否有放电烧伤痕迹或导线磨损断股等情况。

b）防舞装置投运5年后，应采用停电或带电的方式对防舞装置导线固定夹具进行抽查，打开夹具检测，检测内衬橡胶垫是否老化脱落（或内置铝包带滑移）、导线固定处是否磨损、断股。

c）线路上安装的相间间隔棒除上述检查外，还应按复合绝缘子劣化检测要求进行检测。

d）线路上安装的防舞鞭应检查其材料的老化、断裂、滑移及与导线间的磨损情况。

`5.7.2` 安全防护设施检测

`5.7.2.1` 基本要求

a）线路杆塔周围设置的各种防撞、防冲刷等安全防护设施应视为日常巡视和维护的一部分，进行常规巡视和检测。

b）对于防冲刷、防泥石流冲击等特殊防护设施除日常巡视外，还应结合季节的特点在汛期、雨季等特殊季节来临前及洪水期间组织专项检测。

7.2　基 础 防 护 设 施

7.2.1 地脚螺栓保护帽

7.2.1.1 地脚螺栓保护帽损伤

地脚螺栓保护帽损伤如图7-1和图7-2所示。

（a）

（b）

图7-1 地脚螺栓保护帽有裂痕

（a）

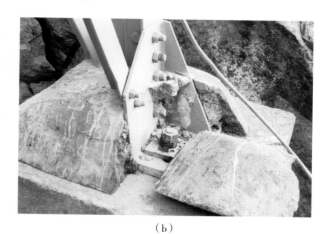
（b）

（c）

（d）

图7-2 地脚螺栓保护帽破损

7.2.1.2 地脚螺栓保护帽其他表象

地脚螺栓保护帽其他表象如图7-3～图7-6所示。

（a）

（b）

图7-3 地脚螺栓保护帽不合格

图7-4 地脚螺栓保护帽厚度不足

图7-5 地脚螺栓保护帽被埋

（a）

（b）

图7-6 地脚螺栓保护帽封住接地引下线

7.2.2　混凝土护面

7.2.2.1 混凝土护面损伤

混凝土护面损伤如图7-7和图7-8所示。

（a）

（b）

图7-7 混凝土护面裂开

（a）

（b）

（c）

（d）

图7-8 混凝土护面破损

7.2.2.2 混凝土护面其他表象

混凝土护面其他表象如图7-9~图7-11所示。

（a）　　　　　　　　　　（b）　　　　　　　　　　（c）

图7-9　混凝土护面不合格

（a）　　　　　　　　　　（b）

图7-10　混凝土护面积土长草

图7-11　混凝土护面积水长草

7.2.3 护坡 ||||||||||||||||||||||||||||||||

7.2.3.1 护坡损伤

护坡损伤如图7-12～图7-18所示。

（a）　　　　　　　　　　　　　　　　（b）

（c）　　　　　　　　　　　　　　　　（d）

图7-12　浆砌石挡土墙有裂纹

（a）　　　　　　　　　　　　　　　　（b）

图7-13　浆砌石挡土墙裂开

图7-14　浆砌石挡土墙鼓包失稳

图7-15　浆砌石挡土墙基部坍塌

（a）

（b）

图7-16　浆砌石挡土墙坍塌

图7-17　干砌石挡土墙坍塌

图7-18　浆砌石护坡坍塌

7.2.3.2 护坡其他表象

护坡其他表象如图7-19～图7-26所示。

图7-19　浆砌石挡土墙设计不合理

图7-20　浆砌石挡土墙基部没有埋深

图7-21　浆砌石挡土墙不合格

（a）

（b）

图7-22　浆砌石挡土墙基部边坡坍塌

图7-23　锚杆挂网喷浆护坡缺排水孔

（a）　　　　　　　　　　　（b）　　　　　　　　　　　（c）

图7-24　浆砌石挡土墙设置不合理

图7-25　浆砌石挡土墙没有分级且斜度接近直角不符合
规范

（a）　　　　　　　　　　　　　　　　　（b）

图7-26　浆砌石挡土墙缺排水孔

7.2.4　排水沟

7.2.4.1　排水沟损伤

排水沟损伤如图7-27所示。

（a）　　　　　　　　　　　　　　（b）

（c）　　　　　　　　　　　　　　（d）

（e）　　　　　　　　　　　　　　（f）

图7-27　排水沟破损

7.2.4.2 排水沟其他表象

排水沟其他表象如图7-28～图7-30所示。

（a）

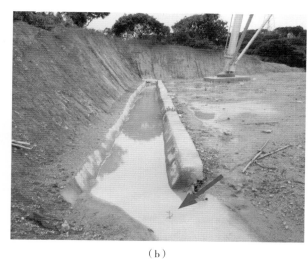
（b）

图7-28 排水沟设置不合理

（a）

（b）

（c）

图7-29 排水沟堵塞

图7-30 排水沟有杂物

7.2.5 其他基础防护设施

7.2.5.1 其他基础防护设施损伤

其他基础防护设施损伤如图7-31～图7-40所示。

图7-31 围堰裂开

（a）

（b）

图7-32 围堰坍塌

图7-33 岸墙变形失稳

图7-34 岸墙坍塌

图7-35 浆砌砖防撞挡土墙垮塌

（a）

（b）

图7-36　浆砌砖防护墙垮塌

图7-37　防撞墩下沉

图7-38　防护围栏垮塌

图7-39　浆砌砖防护墙下沉

图7-40　基础护堤防护围栏倒塌

7.2.5.2 其他基础防护设施其他表象

其他基础防护设施其他表象如图7-41～图7-46所示。

图7-41 防护浆砌砖墙长满藤蔓

图7-42 防撞桩警示漆褪色

图7-43 防撞墩、防撞桩警示漆褪色

图7-44 防护围栏锈蚀

图7-45 防撞墩警示漆褪色

图7-46 防撞墩被贴广告

7.3　线　路　防　护　设　施

7.3.1　标示牌

7.3.1.1　标示牌缺失、损伤

标示牌缺失、损伤如图7-47～图7-57所示。

图7-47　塔号牌、警告牌缺失

图7-48　塔号牌缺失

图7-49　相序牌褪色

图7-50　相序牌缺失

图7-51　警示牌褪色缺失

图7-52　塔号牌损坏、脱落

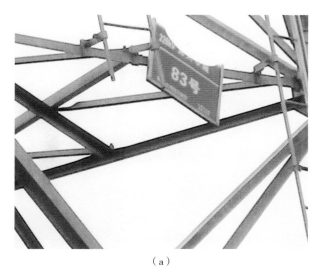

（a）

（b）

图7-53　塔号牌破损

图7-54　塔号牌损坏

图7-55　塔号牌、警告牌变形

图7-56　塔号牌一端脱落

图7-57　塔号牌损坏脱落

7.3.1.2 标示牌其他表象

标示牌其他表象如图7-58～图7-63所示。

图7-58 塔号牌安装位置太低

图7-59 旧塔号牌未拆除

图7-60 相序牌装反

图7-61 相序牌安装朝向错误

图7-62 塔号牌、警告牌安装位置妨碍登塔

图7-63 塔号牌发霉

7.3.2　防鸟害设施

7.3.2.1　防鸟害设施缺失、损伤

防鸟害设施缺失、损伤如图7-64~图7-66所示。

（a）

（b）

（c）

（d）

图7-64　风动型反光式驱鸟器损坏

图7-65　钢绞线驱鸟刺损坏

图7-66　磁吸式绝缘驱鸟刺外壳破损

7.3.2.2 防鸟害设施其他表象

防鸟害设施其他表象如图7-67~图7-69所示。

图7-67 反光式风力驱鸟器缠绕有薄膜

（a）

（b）

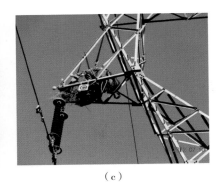

（c）

图7-68 反光式风力驱鸟器失效

（a）

（b）

图7-69 钢丝驱鸟刺失效

7.3.3　其他线路防护设施 ||||||||||||||||||||||||||||||||||||

7.3.3.1　其他线路防护设施损伤

其他线路防护设施损伤如图7-70～图7-73所示。

（a）

（b）

（c）

图7-70　高塔航空标示灯失灵

图7-71　导线复合护套被子弹击穿

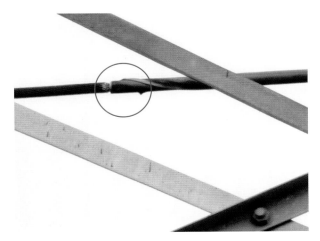

图7-72　导线防闪络绝缘护套、导线电弧烧伤

图7-73　导线防闪络绝缘护套破损

7.3.3.2 其他线路防护设施其他表象

其他线路防护设施其他表象如图7-74~图7-77所示。

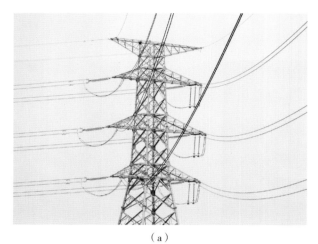

（a）

（b）

图7-74 双回路铁塔缺线路色标漆

图7-75 四回路铁塔缺线路色标漆

图7-76 铁塔线路相序标识漆褪色

（a）

（b）

图7-77 双回路铁塔线路色标漆褪色

7.4 登塔设施与防坠装置

7.4.1 登塔设施

7.4.1.1 登塔设施缺失、损伤

登塔设施缺失、损伤如图7-78～图7-88所示。

图7-78　基础立柱缺爬圈

图7-79　铁塔塔身主材缺脚钉

图7-80　钢管塔塔身主材缺脚钉

图7-81　钢管塔塔身辅材缺脚钉

图7-82　铁塔地线支架缺脚钉

图7-83　钢管塔塔身主材脚钉支座破损

（a）

（b）

图7-84　主材爬梯变形

图7-85　主材爬梯两个断裂脚钉缺失

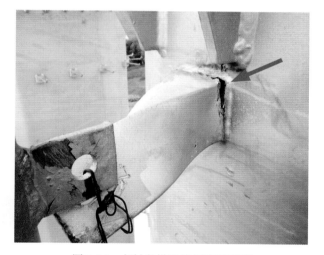

图7-86　主材爬梯连接板变形开裂

图7-87　主材爬梯缺段

图7-88　塔身走道缺塔材

7.4.1.2　登塔设施其他表象

登塔设施其他表象如图7-89～图7-98所示。

图7-89　门型混凝土杆未安装爬梯

图7-90　露高1.8m的基础立柱未设计爬梯

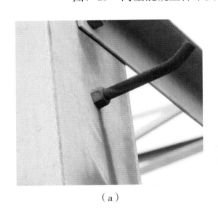

（a）

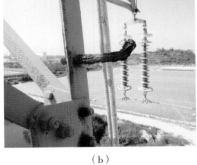

（b）

（c）

图7-91　铁塔塔身脚钉锈蚀

图7-92　铁塔塔身爬梯被杂树包围

图7-93　爬梯错误设置在耐张塔外角侧主材

图7-94　爬梯缺段

图7-95　脚钉设置不合理

图7-96　塔身脚钉错误设置在耐张塔外角侧主材

图7-97　塔身爬梯脚钉间距不合理

图7-98　塔身爬梯捆扎有电线

7.4.2 防坠装置

7.4.2.1 防坠装置缺失、损伤

防坠装置缺失、损伤如图7-99～图7-107所示。

图7-99 钢管组合塔爬梯护栏变形

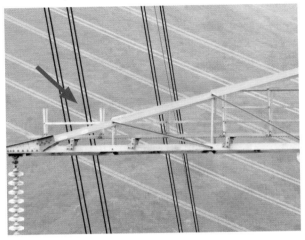

图7-100 铁塔导线横担走道护栏缺塔材

图7-101 铁塔横担走道护栏缺塔材

图7-102 主材工作扣环断裂

图7-103 塔身主材工作扣环断裂缺失

（a）

（b）

图7-104 防高空坠落滑轨固定杆损坏

图7-105　防高空坠落滑轨固定杆缺失、滑轨变形

（a）

（b）

图7-106　防高空坠落滑轨缺段

（a）

（b）

图7-107　防高空坠落滑轨变形

7.4.2.2 防坠装置其他表象

防坠装置其他表象如图7-108～图7-113所示。

图7-108 钢管杆杆身爬梯防高空坠落滑轨设置不合理

图7-109 钢管杆横担防高空坠落滑轨设置不合理

图7-110 铁塔防高空坠落装置设置不合理

图7-111 防高空坠落滑轨固定杆锈蚀

图7-112 铁塔防高空坠落装置设置不合理

图7-113 防高空坠落滑轨固定螺栓太短

第8章

通 道 与 环 境

8.1　基础知识及相关条文

8.1.1　基础知识

1. 定义

输电线路环境是指通道外已经或可能对输电线路设备产生影响的环境变化。

输电线路通道是指《电力设施保护条例》和《电力设施保护条例实施细则》界定的电力线路保护区范围，输电线路保护区指导线边线向外侧水平延伸一定距离，并垂直于地面所形成的两平面内的区域。

2. 通道与环境常见异常表象

（1）线路通道树木异常：树木与导线安全距离不足；有人种植可能危及线路安全的植物。

（2）线路通道有建（构）筑物：有平整土地等搭建建（构）筑物的迹象；有新建建（构）筑物。

（3）线路通道有机械施工：机械施工；跨（穿）越物施工；堆放物品等。

（4）线路环境变化异常：施工影响（采石、开矿、钻探、打桩、地铁施工等）；射击打靶；新增污染源或污染源污染排放加重；人为设置漂浮物（气球、风筝、不牢固的农作物覆膜、不牢固的遮阳网、垃圾回收场等）；河道、水库水位变化等。

（5）巡线通道变化异常：巡视道路、桥梁损坏。

3. 其他相关知识

（1）架空电力线路保护区：导线边线向外侧延伸所形成的两平行线内的区域。

（2）任何单位和个人不得危害电力线路设施及其有关辅助设施。在电力设施周围进行爆破及其他可能危及电力设施安全的作业的，应当按照国务院有关电力设施保护的规定，经批准并采取确保电力设施安全的措施后，方可进行作业。

（3）任何单位和个人不得在依法划定的电力设施保护区内修建可能危及电力设施安全的建筑物、构筑物，不得种植可能危及电力设施安全的植物，不得堆放可能危及电力设施安全的物品。在依法划定电力设施保护区前已经种植的植物妨碍电力设施安全的，应当修剪或者砍伐。

（4）任何单位和个人需要在依法划定的电力设施保护区内进行可能危及电力设施安全的作业时，应当经电力管理部门批准并采取安全措施后，方可进行作业。

（5）电力设施与公用工程、绿化工程和其他工程在新建、改建或者扩建中相互妨碍时，有关单位应当按照国家有关规定协商，达成协议后方可施工。

（6）输电线路经过经济作物或林区时，宜采用跨越设计。

（7）在山区无权属纠纷或已解决权属纠纷且自然生长高度能危及线路安全的树木砍伐后，宜进行灭桩处理，以延长砍伐周期。

8.1.2　相关规程、规范条文

《架空输电线路运行规程》（DL/T 741—2010）

10.1　架空输电线路保护区内不得有建筑物、厂矿、树木（高跨设计除外）及其他生产活动。一般地区各级电压导线的边线保护区范围如表 10 所示。

表10　　　　　　　　　　　一般地区各级电压导线的边线保护区范围

电压等级 kV	边线外距离 m
66 ~ 110	10
220 ~ 330	15
500	20
750	25

在厂矿、城镇等人口密集地区，架空输电线路保护区的区域可略小于上述规定。但各级电压导线边线延伸的距离，不应小于导线在最大计算弧垂及最大计算风偏后的水平距离和风偏后距建筑物的安全距离之和。

A.4　导线与建筑物之间的垂直距离

线路导线不应跨越屋顶为易燃材料做成的建筑物。对耐火屋顶的建筑物，应尽量不跨越，特殊情况需要跨越时，电力建设部门应采取一定的安全措施，并与有关部门达成协议或取得当地政府同意。500kV 及以上线路导线对有人居住或经常有人出入的耐火屋顶的建筑物不应跨越。导线与建筑物之间的垂直距离，在最大计算弧垂情况下，不应小于表 A.3 所列数值。

表A.3　　　　　　　　　　导线与建筑物之间的最小垂直距离

线路电压 kV	66 ~ 110	220	330	500	750
垂直距离 m	5.0	6.0	7.0	9.0	11.5

A.5　线路边导线与建筑物之间的水平距离

线路边导线与建筑物之间的水平距离，在最大计算风偏情况下，不应小于表A.4 所列数值。

表A.4　　　　　　　　　　边导线与建筑物之间的最小水平距离

线路电压 kV	66 ~ 110	220	330	500	750
水平距离 m	4.0	5.0	6.0	8.5	11.0

8.2　线路通道树木异常

线路通道树木异常如图8-1～图8-8所示。

图8-1　松柏树压到导线

（a）
（b）

图8-2　线下竹子电弧烧伤

（a）
（b）

（c）
（d）

图8-3　线下桉树电弧烧伤

图8-4　线下相思树电弧烧伤

图8-5　线下皂荚树电弧烧伤

图8-6　线下相思树与导线安全距离不足

图8-7　线下树木与导线安全距离不足

图8-8　线下竹子与导线距离不足

8.3　线路通道有建（构）筑物

线路通道有建（构）筑物如图8-9～图8-12所示。

图8-9　线行下有垃圾回收场

（a）

（b）

（c）

图8-10　线行下有棚屋

图8-11　线行下有建筑物

图8-12　线行下有养猪棚

8.4　线路通道有机械施工

线路通道有机械施工如图8-13～图8-16所示。

图8-13　线行下有吊车施工

（a）

（b）

（c）

图8-14　线行下有挖掘机施工

图8-15　线行下采石场机械施工

图8-16　线路保护区内有静压桩机施工

8.5 线路环境变化异常

线路环境变化异常如图8-17～图8-25所示。

（a）

（b）

（c）

图8-17 线路通道有山火

图8-18 线路通道有人钓鱼

图8-19 线路通道有储油罐

图8-20 线路通道附近有采石场爆破

图8-21 线路通道附近农田有不牢固覆膜

图8-22　线路通道农田有不牢固覆膜

（a）

（b）

图8-23　线路通道附近有带广告布幅气球

图8-24　线路通道有带广告布幅气球

图8-25　线路通道附近有不牢固遮阳网

8.6　巡线通道变化异常

巡线通道变化异常如图8-26～图8-35所示。

（a）

（b）

图8-26　巡线车道坍塌

（a）

（b）

图8-27　巡线车道土体流失

图8-28　巡线车道被滑坡封堵

图8-29　巡线车道桥梁坍塌

图8-30　巡线小道坍塌

图8-31　巡线混凝土小道坍塌

图8-32　巡线小道长满杂草

图8-33　巡线小道有野猪夹

图8-34　巡线通道被铁丝网围闭

图8-35　巡线通道被栏杆、木门围闭